土壤挥发性有机物监测技术图文解读

TURANG HUIFAXING YOUJIWU
JIANCE JISHU TUWEN JIEDU

中国环境监测总站　编

中国环境出版集团·北京

图书在版编目（CIP）数据

土壤挥发性有机物监测技术图文解读 / 中国环境监测
总站编 . —北京：中国环境出版集团，2021.12
ISBN 978-7-5111-5002-8

Ⅰ.①土…　Ⅱ.①中…　Ⅲ.①有机物污染—挥发性
有机物—土壤监测　Ⅳ.① X833

中国版本图书馆 CIP 数据核字（2021）第 276838 号

出 版 人　武德凯
责任编辑　赵惠芬　杨旭岩
封面设计　彭　杉

出版发行　**中国环境出版集团**
　　　　　（100062　北京市东城区广渠门内大街 16 号）
　　　　　网　　　址：http：//www.cesp.com.cn.
　　　　　电子邮箱：bjgl@cesp.com.cn.
　　　　　联系电话：010-67112765（编辑管理部）
　　　　　发行热线：010-67125803　010-67113405（传真）
印　　刷　玖龙（天津）印刷有限公司
经　　销　各地新华书店
版　　次　2021 年 12 月第 1 版
印　　次　2021 年 12 月第 1 次印刷
开　　本　787×960　1/16
印　　张　19
字　　数　160 千字
定　　价　98.00 元

中国环境出版集团郑重承诺：
中国环境出版集团合作的印刷单位、材料单位均具有中国环境标志产品认证。

编委会

编写人员

第一章　挥发性有机物简介
编写　　周笑白　杨　楠　封　雪
审稿　　李名升　李宗超

第二章　土壤中挥发性有机物样品采集、
　　　　运输与保存技术
编写　　杨　楠　周笑白　姜晓旭
审稿　　李名升　吴萌萌

第三章　土壤挥发性有机物快速检测技术
编写　　李　炜　丁来星　王金梅　周笑白
审稿　　丁冬梅　赵吉睿　李聃枫

第四章　土壤中挥发性有机物实验室分析技术

编写　　毛　慧　苏文鹏　于建飞　吴　晶　韩军文

　　　　乐小亮　张宗祥　翟有朋　张　颖　田　慧

审稿　　田志仁　黄　娟　周笑白

第五章　土壤中挥发性有机物的评价技术

编写　　杨　楠　周笑白　封　雪

审稿　　夏　新　倪鹏程

**第六章　土壤中挥发性有机物的监测技术发展
　　　　方向——土壤气监测**

编写　　周笑白　杨　楠　姜晓旭

审稿　　夏　新　徐睿颖

前言

2018 年 8 月 31 日，第十三届全国人民代表大会常务委员会第五次会议通过《中华人民共和国土壤污染防治法》，该法第十五条明确规定国家实行土壤环境监测制度。我国对农用地和建设用地实施土壤监测并进行风险管控。2016 年国务院印发的《土壤污染防治行动计划》明确提出建设土壤环境质量监测网络和基本形成土壤环境监测能力的任务要求。

挥发性有机物是土壤，特别是污染地块中的典型污染物之一，美国超级基金污染场地中约 78% 存在挥发性有机物污染。焦化类、农药类、石油化工类和有机合成类等污染企业在生产过程中可能造成土壤污染。部分企业搬迁遗留地块中挥发性有机物的污染非常严重，具有含量高、分布广的特点。由于具有易挥发的特性，污染地块土壤中的挥发性有机物能够通过一系列的迁移转化过程进入大气或室内空气环境被人体吸入，最终对人体健康造成危害。因此，开展污染企业内部、周边及腾退地块土壤中挥发性有机物的监测对保障生态安全和人类健康至关重要。

为便于土壤环境监测工作者在实际工作中落实土壤环境监测技术要点，本书梳理、总结了土壤挥发性有机物的相关技术规范和监测方法，通过图文并茂的形式，直观地展示了土壤挥发性有机物采样及土壤快速检测技术、实验室检测技术、数据统计与评价方法等内容，力图使读者通过阅读本书，迅速掌握土壤环境监测基本技术要求，提高环境监测技术在实际工作中的可操作性。

本书可供土壤环境监测人员和质量管理人员在检测工作中参照使用，也可供其他技术人员参考阅读。

江苏省泰州环境监测中心和天津市生态环境监测中心参与了本书的编写工作，在此表示感谢。由于编者水平有限，合编时间仓促，疏漏和错误在所难免，恳请广大读者批评指正。

目 录

第一章 挥发性有机物简介

DI-YI ZHANG HUIFAXING YOUJIWU JIANJIE

1.1 挥发性有机物的定义

各个国家及专业领域中挥发性有机物（Volatile Organic Compounds，VOCs）的定义不同。欧盟溶剂排放指令（1999/13/EC）中 VOCs 被定义为：在293.15 K（20℃）情况下，蒸气压大于 0.01 kPa 或者在特定使用条件下具有一定挥发性的有机化合物，其沸点一般为 15～220℃；欧盟油漆指令（2004/42/EC）中，VOCs 被认为是在 101.325 kPa 大气压下，沸点不高于 250℃ 的有机化合物；澳大利亚溶剂要求（1995 Solvents Ordinance）中认为 VOCs 应是沸点低于 200℃ 的有机化合物；世界卫生组织将 VOCs 定义为：沸点为 50～250℃ 的化合物，室温下饱和蒸气压超过 133.32 Pa，在常温下以蒸气形式存在于空气中的一类有机物；我国标准中将 VOCs 定义为：沸点为50～260℃，在标准温度和压力（20℃和 1 个大气压）下饱和蒸气压超过 133.322 Pa 的有机化合物。

1.2 挥发性有机物的来源与分类

工业源主要包括石油炼制与石油化工、煤炭加工与转化等含 VOCs 原料的生产行业，油类（燃油、溶剂等）储存、运输和销售过程，涂料、油墨、胶黏剂和农药等以 VOCs 为原料的生产行业，涂装、印刷、黏合和工业清洗等含 VOCs 产品的使用过程。生活源包括燃煤和天然气等燃烧产物及吸烟、采暖、烹调等的烟雾，建筑和装饰材料、家具、家用电器、汽车内饰件生产、清洁剂和人体本身的排放等。在室内装饰过程中，VOCs 主要来自油漆、涂料、胶黏剂和溶剂型脱模剂。一般油漆中 VOCs 含量为 0.4～1.0 mg/m³。由于 VOCs 具有强挥发性，一般情况下，油漆施工后的 10 h 内，可挥发出 90%，而溶剂中的 VOCs 则在油漆风干过程中只释放总量的 25%。

根据 VOCs 的来源主要可以将其分为以下几类：

①有机溶液。有机溶液是由有机物为组成介质的溶剂。常见的有机溶液有日用化妆品、洗发用品和洗涤剂，还包括生活中常用的黏合剂、油漆和含水涂料等工具性用品。

②建筑材料。含 VOCs 物质的建筑材料是指在建筑工程中使用的一些易挥发气味的材料，包括建筑物室内外使用的涂料、塑料板材、泡沫隔热材料和人造板材等。

③室内装饰材料。含 VOCs 物质的室内装饰材料是指建筑物室内涂料或者室内装饰的一些其他容易挥发气味的材料，包括墙体涂料、壁纸和容易产生挥发

性气味的壁画等。

④纤维材料。纤维材料是天然纤维或合成纤维制成的材料，通常情况下可以做地毯、挂毯和化纤窗帘等用品。

⑤办公用品。有的办公用品自身具有挥发性，如油墨；也有的自身并无挥发性，但是在其工作的过程中由于要散发大量的热量，其中的一些耗材随着热量一起散发出来，如复印机和打印机，在其工作的过程中会向空气散发大量有害气体。

⑥室外工业气体。室外工业气体是指工业生产或者各种机械散发出来的气体，其来源较为广泛，包括工业生产过程中挥发出来的气体、汽车尾气和光化学烟雾等。

1.3　挥发性有机物的毒性

大多数 VOCs 有毒，部分有致癌性，例如，大气中的某些苯、多环芳烃、芳香胺、树脂化合物、醛和亚硝胺等有害物质对机体有致癌作用；某些芳香胺、醛、卤代烷烃及其衍生物、氯乙烯等有诱变作用。多数 VOCs 易燃易爆、不安全；在阳光照射下，可能与大气中的氮氧化物、碳氢化合物及氧化剂发生光化学反应，生成光化学烟雾；光化学烟雾的主要成分是臭氧、过氧乙酰硝酸酯（PAN）、醛类及酮类等，它们刺激人类的眼睛和呼吸系统，危害人体健康和作物生长。

1.4 土壤中的挥发性有机物

1.4.1 土壤中挥发性有机物特点

VOCs 是污染地块的典型污染物之一。美国超级基金污染场地中约 78% 存在 VOCs 污染。近年来，我国城市工业企业搬迁后遗留了大量污染地块，特别是焦化类、农药类、石油化工类和有机合成类等污染地块。部分污染地块土壤和地下水中 VOCs 污染非常严重，具有含量高、分布广的特点。VOCs 污染土壤有以下特性。

（1）隐蔽性

和其他土壤污染一样，VOCs 造成的土壤污染也不像大气与水体污染那样容易被人们发觉。因为土壤是复杂的气、液、固三相共存体系，各种有害物质在土壤中总是与土壤相结合，VOCs 在土壤里也是如此，隐匿于土壤环境中。而且，当土壤污染物损害人畜健康时，土壤本身可能还继续保持其一定的生产能力。

（2）挥发性

一般土壤污染主要是通过植物传递来表现其危害，

但与其他大多数土壤污染物不同，VOCs 具有强挥发性，因而，不像其他污染物那样经由植物吸收进入生物链传递，而是在一定的条件下（合适的温度、气压及土层受到扰动等）直接从土壤中解附、吸附，挥发出来危害环境。

（3）毒害性

VOCs 大多具有毒性，对人体健康的影响主要是刺激眼睛和呼吸道，使人产生头疼、咽痛、乏力及皮肤过敏等症状，其中苯、氯乙烯以及甲醛等还是可疑致癌物质。有些 VOCs 在光照条件下发生光化学氧化反应，生成毒性更强的光氧化产物。部分 VOCs 对臭氧层有破坏作用，如氯氟烃等。总之，VOCs 都会直接或间接对人体或环境造成不良影响。

（4）累积性

由于土壤对化学物质的吸附作用，VOCs 会在很长一段时间内缓慢释放。从土壤环境中挥发出来的 VOCs 浓度不一定很高，但经过长期低剂量释放，被人体吸入后也会在体内逐渐累积，由量变到质变，最终对人体健康造成极大危害。

（5）多样性

VOCs 并非单一的化合物，而是由 900 多种有机物组成，不同地点、不同时间在土壤中所测得的具体

7

组分也会不同。由于各有机化合物混合共存，它们之间存在的协同及拮抗等作用使得此类土壤污染变得更加复杂多样。研究表明，在各单一挥发性有机物组分浓度都低于限值浓度但总浓度达到一定值，仍会对人体健康造成危害，尤其是多种 VOCs 混合存在时，其危害性将大大增加。同时，VOCs 组成的多样性，也加大了此类土壤污染修复的难度。

1.4.2　土壤中挥发性有机物的暴露途径

由于具有易挥发的特性，污染地块土壤和地下水中的 VOCs 能够通过一系列的迁移转化过程进入大气或室内空气环境，进而被人体摄入，最终对人体健康造成危害。VOCs 呼吸暴露主要包括以下 4 个过程：①污染土壤或地下水中 VOCs 在固相、液相、气相以及非水相液体（存在非水相液体情形）之间分配并达到动态平衡；②动态平衡条件下，污染区域土壤气体中的 VOCs 在浓度梯度作用下通过分子扩散在其上方的非饱和土壤孔隙中迁移，这一过程中，受污染物的理化性质和土壤特性等因素影响，部分 VOCs 被生物降解或被清洁土壤吸附，使土壤气体中的 VOCs 浓度降低；③迁移至临近地表或建筑地板下土壤气体中的 VOCs，将进一步通过分子扩散或对流传质作用，经过表层土壤孔隙进入大气环境或经过建筑地板裂隙进入室内空气，在室外空气对流或室内空气换气作用下混合稀释；④混合稀释后的VOCs被位于污染区室内外的人群通过呼吸摄入，对人体健康造成危害。

第二章 土壤中挥发性有机物样品采集、运输与保存技术

DI-ER ZHANG

TURANG ZHONG HUIFAXING YOUJIWU YANGPIN

CAIJI, YUNSHU YU BAOCUN JISHU

2.1　土壤中挥发性有机物样品采集、流转与保存简介

土壤中 VOCs 的样品采集是其监测的重要环节。由于其具有挥发性和不稳定性，采样过程中极可能造成损失，导致污染区内的含量被低估。因此，规范监测十分重要。土壤中 VOCs 采样的国际标准主要参照美国材料与实验协会的标准：《挥发性有机化合物废物和土壤采样标准指南》（ASTM D4547）。我国在 2019 年也颁布了环境生态行业标准：《地块土壤和地下水中挥发性有机物采样技术导则》（HJ 1019—2019）。

2.2　土壤中挥发性有机物样品采集、流转与保存技术

2.2.1　采样计划

采样计划应包括采样目的、采样点位、采样项目、采样频次、采样时间、采样人员及分工、质量保证与质量控制措施、采样设备和器具、采样现场记录表、需要现场分析的项目和安全保障等。

2.2.2 采样准备

（1）样品瓶及每个样品采集数量

VOCs 样品采集使用有质量保证的有机物分析专用样品瓶，如内有聚四氟乙烯 - 硅胶衬垫的螺旋盖的 40 ml 棕色玻璃瓶（图 2-1），该瓶直接与检测设备配套使用。每种 VOCs 样品需采集 3 瓶。

图 2-1　40 ml 具聚四氟乙烯 - 硅胶衬垫
螺旋盖的棕色玻璃瓶

（2）空白试剂水等主要试剂

①水：经实验室检查后确定不含 VOCs 的清洁水。

②硫酸氢钠：分析纯。

③基本保护剂：20% 硫酸氢钠水溶液。用不含 VOCs 的清洁水配制。

④便携式天平：精度达到 0.001 g。

⑤搅拌子：具聚四氟乙烯外套的磁力搅拌子。

⑥标签纸。

⑦低温冷藏箱及冰盒，根据样品量选用适当尺寸。

⑧ 10 ml 移液管（或量杯）。

⑨不锈钢或铁质采样铲、采样镐、采样刀、采样勺、非扰动采样器（图 2-2）。

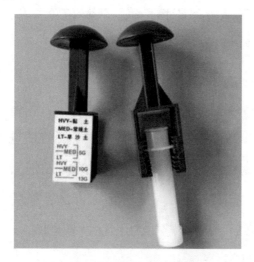

图 2-2　土壤非扰动采样器

⑩现场破碎岩石用的不锈钢或铸铁研钵和铁锤。

（3）现场采样保温设备

带冰袋的冷藏箱或电力冷藏设备。

（4）其他仪器设备

卷尺、GPS 卫星定位仪、指南针等。

采样所准备使用的器皿、试剂、工具以及采样后样品均应远离污染源。

2.2.3　挥发性有机物采样方法

采样前，可采用卷尺、GPS卫星定位仪、经纬仪和水准仪等工具在现场确定采样点的具体位置和地面标高，并在图中标出。可采用金属探测器或探地雷达等设备探测地下障碍物，确保采样位置避开地下电缆、管线、沟和槽等地下障碍物。

表层样品可采用铁铲和非扰动采样器采集。深层采样应结合地块所在地区的地层条件、钻探的作业条件和勘察的方案要求来选择经济有效的钻探方法，防止土壤扰动、发热，减少VOCs的挥发损失。应采用快速击入法或快速压入法等钻探方法，避免采用空气钻探法和回转钻探法。现场钻探设备见图2-3。

（1）方法一

①样品采集：将一粒搅拌子和5 ml 20%硫酸氢钠基体保护液（用移液管或量杯加入）放入40 ml已贴有标签的VOA小瓶中，迅速盖盖、称重，记下重量。当采样点位置确认后，打开已称重的采样瓶，迅速将重量约为5 g的土壤样品放入小瓶中，并立即擦掉螺纹口上黏附的土壤，迅速盖紧瓶盖。清除瓶身外

图 2-3　现场钻探设备

侧黏附的土壤，再次称重并记下重量，两次称重结果差即为土壤取样量，将采集好的样品放入带密封条的塑料袋中密封后倒置放入低温冷藏箱中，并尽快送实验室检测。若样品不能及时送达实验室，应将样品放入 4℃冰箱内保存，保存期最长为 4 d。

②空白样采集：采集空白样品的操作应完全与实际样品相同。样品采集前随整批样品将搅拌子和 20%硫酸氢钠基本保护液 5 ml（用移液管或量杯加入）放入 40 ml VOA 小瓶中，迅速盖好盖，倒置检查是否泄漏，如有泄漏，需换新瓶重新添加搅拌子和基本保护液；若没有泄漏就将样品放入带密封条的塑料袋中，密封后倒置放入低温冷藏箱，并随本批次样品一起送

往实验室检测，运送途中该批样品不能分开。

③平行样采集：采集方法完全和样品采集相同，平行样和原样品取样时尽量取自同一地点，可尽快简单混匀后采样。

④使用后的采样工具需用不含VOCs的洁净空白水清洗干净后再用于下一个样品的采集。

（2）方法二

当采样点位置确认后，迅速将要采集的土壤样品装入40 ml VOA小瓶中，尽可能不留空隙，并立即擦掉螺纹口上黏附的样品，立即封盖。做好记录，放入方法一采集的同一样品塑料袋中，再次迅速放入低温冷藏箱，并尽快送实验室检测。现场采样见图2-4。

图2-4 土壤挥发性有机物现场采样

VOCs污染地块环境调查与监测一般需使用便携

式有机物快速测定仪（图2-5）对土壤中VOCs的总量进行筛查。常用的设备包括便携式光离子化检测器（PID）和火焰离子化检测器（FID）。

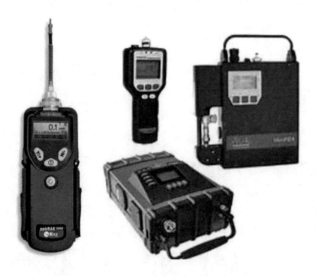

图2-5　便携式有机物快速测定仪

2.2.4　挥发性有机物流转与保存技术

装有不同土壤样品的样品瓶，均应密封在塑料袋中，避免交叉污染。土壤VOCs样品在4℃条件下以甲醇作为保护剂避光保存。采用此方法保存样品，实验室分析方法的报告限已达到0.05 mg/kg，完全满足当前场地环境评价过程中对于VOCs检出限的要求。样品采集后应在保存时限内尽快送抵实验室进行分析，运输过程中应注意避光、防震，保存时间从现场样品采集完后计算。如果样品不能在 48 h 内运至实验室，应现场冷冻。土壤 VOCs 样品不适于长期保存。

2.3　土壤中挥发性有机物样品采集、流转与保存技术注意事项

①土壤样品采集应尽量减少对样品的扰动，禁止对样品进行均质化处理，不得采集混合样。

②当采集用于测定不同类型污染物的土壤样品时，应优先采集用于测定 VOCs 的土壤样品。

③使用非扰动采样器采集土壤样品时，一次性塑料注射器和不锈钢专用采样器的使用执行《土壤和沉积物　挥发性有机物的测定　吹扫捕集 / 气相色谱 - 质谱法》（HJ 605—2011）的相关规定。不应使用同一非扰动采样器采集不同土壤样品。

④ VOCs 样品采集密封后，密封容器在分析前不可再开启。

第三章　土壤挥发性有机物快速检测技术

DI-SAN ZHANG
TURANG HUIFAXING YOUJIWU KUAISU
JIANCE JISHU

3.1 便携式光离子快速检测技术简介

土壤中 VOCs 通常是在现场通过非扰动采样器采样流转到实验室后，通过吹扫捕集 / 气相色谱 - 质谱法或顶空 / 气相色谱 - 质谱法进行检测，虽然相对准确，但不够高效和便捷，特别是在现场无法快速的识别污染区域。便携式光离子快速检测仪（PID）能在现场快速、方便地检测出土壤中 VOCs 的含量，筛查出污染相对严重的区域，进而有取舍地对土壤样品进行实验室送检。

PID 是一种使用紫外灯作为光源，通过高能量的紫外辐射使空气中的有机物和部分无机物发生电离，通过对电离产生的微电流进行检测来显示浓度值。被检测后，离子重新复合成原气体，不会燃烧或永久性改变待测气体。

PID 的主要性能特征是灵敏度高、选择性好且可调，还有体积小、重量轻、携带方便以及线性范围宽等优点。PID 的灵敏度取决于光强度。4 种光源以氪灯（10.2 eV）的强度最大，其次是氩灯，氙灯最小。研究人员用 10.2 eV 的灯测定了各类有机物的灵敏度，发现 PID 摩尔响应值的顺序是：芳烃＞烯烃＞烷烃；脂肪族酮＞醛＞酯＞醇＞烷烃；环状化合物＞非环状化合物；支链化合物＞直链化合物；卤代化合物中 I＞

Br>Cl>F；取代苯中给电子基团>受电子基团；同系物中高碳数>低碳数。PID 的选择性取决于光能量，能量小则可光电离的化合物种类少，选择性高。

目前，市场上常见的 PID 设备包括 9.8 eV、10.6 eV 和 11.7 eV 3 种规格，工作人员可针对不同的 VOCs 进行筛查。原则上，使用 11.7 eV 的 PID 能够检测更多种类的 VOCs，但该规格的 PID 使用寿命（2～6 个月）远低于其他 2 种规格的 PID 使用寿命（2～3 年）。此外，11.7 eV 的 PID 的灵敏度也明显低于另外 2 种规格。因此，一般情况下，大多采用 10.6 eV 的 PID 设备进行现场快速筛查。

本章参照《地块土壤和地下水中挥发性有机物采样技术导则》（HJ 1019—2019），以 ppbRAE 3000 PGM7340 VOCs 气体检测仪为例对土壤中 VOCs 快速检测技术进行介绍。

3.2 便携式光离子快速检测仪操作

3.2.1 适用范围

本部分所述的操作方法适用于土壤监测中 VOCs 的现场快速检测。

3.2.2　设备器具

（1）便携式光离子快速检测仪（PID）（图3-1），本次使用产品型号为 ppbRAE 3000 PGM7340，检测范围为 1 ppb[①]～10 000 ppm[②]，分辨率为 1 ppb。

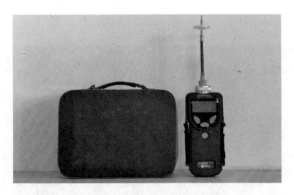

图 3-1　便携式光离子快速检测仪（PID）

（2）自封袋：容积约为 500 ml，聚乙烯材质。

（3）采样铲：木铲、铁铲等采样铲（图3-2）。

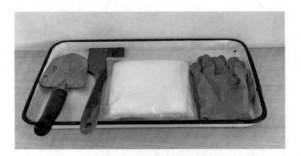

图 3-2　采样工具

---

① ppb 为 μg/L；

② ppm 为 mg/L。

3.2.3　标定

根据设备说明书校准仪器。

依据其操作使用手册，使用前应进行零点（可使用设备附带的 VOCs 调零管）标定和扩展标定。零点标定示意见图 3-3。

图 3-3　零点标定示意

可利用装有"清洁"空气气源的气瓶、Tedlar 气袋或 VOCs 调零管进行零点标定。通过配有流量调节阀的标准气体气瓶或将标准气体装入 Tedlar 气袋进行扩展标定。扩展标定示意见图 3-4。

图 3-4　扩展标定

3.2.4　采样

用采样铲将土壤样品转入自封袋中，采样量为自封袋体积的 1/3～1/2，采样完成后封闭自封袋袋口（图 3-5）。

27

图 3-5　土壤样品采样

适度揉碎自封袋中的土壤样品（图 3-6），已冻结的土壤样品应置于室温下解冻后再揉碎。

图 3-6　揉碎土壤样品

　　将自封袋置于背光处约 10 min 后（图 3-7），摇晃或振动自封袋约 30 s（图 3-8），之后静置约 2 min。

图 3-7　背光静置

图 3-8　摇晃或振动自封袋

3.2.5　检测

将 PID 的探头伸至自封袋约 1/2 顶空处（图 3-9），
紧闭自封袋，在数秒内读取仪器的最高读数，并记录。

图 3-9　使用 PID 快速检测

3.3 便携式光离子快速检测技术注意事项

①应注意土壤采样量占自封袋体积的 1/3～1/2，采样量过少或过多都会影响待测气体的体积，导致不足或过量的气体进入 PID，而无法准确获得最高读数。

②揉碎过程中应适度用力，防止自封袋被土壤样品破坏影响密闭性，避免因被测气体逸出，而不能准确读数。

③揉碎后的土壤样品在静置过程中要避免阳光直晒，应置于背光处。

第四章 土壤中挥发性有机物实验室
分析技术

4.1 土壤和沉积物 挥发性有机物的测定 吹扫捕集／气相色谱－质谱法（HJ 605—2011）

警告：实验中所使用的内标、替代物和标准样品均为易挥发的有毒化学品，其溶液配制应在通风橱中进行，操作时应按规定要求佩戴防护器具，避免接触皮肤和衣物。

4.1.1 适用范围

本标准规定了测定土壤和沉积物中挥发性有机物的吹扫捕集／气相色谱－质谱法。

本标准适用于土壤和沉积物中 65 种挥发性有机物的测定。

4.1.2 检出限

当样品量为 5 g，用标准四极杆质谱进行全扫描分析时，目标物的方法检出限为 0.2～3.2 μg/kg，详见表 4-1。

表 4-1 目标物的检出限及测定下限

单位：μg/kg

序号	目标物中文名称	目标物英文名称	检出限	测定下限
1	二氯二氟甲烷	Dichlorodifluoromethane	0.4	1.6
2	氯甲烷	Chloromethane	1.0	4.0

序号	目标物中文名称	目标物英文名称	检出限	测定下限
3	氯乙烯	Chloroethene	1.0	4.0
4	溴甲烷	Bromomethane	1.1	4.4
5	氯乙烷	Chloroethane	0.8	3.2
6	三氯氟甲烷	Trichlorofluoromethane	1.1	4.4
7	1,1-二氯乙烯	1,1-Dichloroethene	1.0	4.0
8	丙酮	Acetone	1.3	5.2
9	碘甲烷	Iodomethane	1.1	4.4
10	二硫化碳	Carbon disulfide	1.0	4.0
11	二氯甲烷	Methylene chloride	1.5	6.0
12	反式-1,2-二氯乙烯	*trans*-1,2-dichloroethene	1.4	5.6
13	1,1-二氯乙烷	1,1-Dichloroethane	1.2	4.8
14	2,2-二氯丙烷	2,2-Dichloropropane	1.3	4.2
15	顺式-1,2-二氯乙烯	*cis*-1,2-dichloroethene	1.3	4.2
16	2-丁酮	2-Butanone	3.2	13
17	溴氯甲烷	Bromochloromethane	1.4	5.2
18	氯仿	Chloroform	1.3	5.2
19	1,1,1-三氯乙烷	1,1,1-Trichloroethane	1.3	5.2
20	四氯化碳	Carbontetrachloride	1.2	4.8
21	1,1-二氯丙烯	1,1-Dichloropropene	1.9	7.6
22	苯	Benzene	1.3	5.2
23	1,2-二氯乙烷	1,2-Dichloroethane	1.3	5.2
24	三氯乙烯	Trichloroethylene	1.2	4.8
25	1,2-二氯丙烷	1,2-Dichloropropane	1.1	4.4
26	二溴甲烷	Dibromomethane	1.2	4.8
27	一溴二氯甲烷	Bromodichloromethane	1.1	4.4
28	4-甲基-2-戊酮	4-Methyl-2-pentanone	1.8	7.2
29	甲苯	Toluene	1.3	5.2
30	1,1,2-三氯乙烷	1,1,2-Trichloroethane	1.2	4.8

序号	目标物中文名称	目标物英文名称	检出限	测定下限
31	四氯乙烯	Tetrachloroethylene	1.4	5.6
32	1,3-二氯丙烷	1,3-Dichloropropane	1.1	4.4
33	2-己酮	2-Hexanone	3.0	12
34	二溴氯甲烷	Dibromochloromethane	1.1	4.4
35	1,2-二溴乙烷	1,2-Dibromoethane	1.1	4.4
36	氯苯	Chlorobenzene	1.2	4.8
37	1,1,1,2-四氯乙烷	1,1,1,2-Tetrachloroethane	1.2	4.8
38	乙苯	Ethylbenzene	1.2	4.8
39	1,1,2-三氯丙烷	1,1,2-Trichloropropane	1.2	4.8
40/41	间/对-二甲苯	m,p-xylene	1.2	4.8
42	邻-二甲苯	o-xylene	1.2	4.8
43	苯乙烯	Styrene	1.1	4.4
44	溴仿	Bromoform	1.5	6.0
45	异丙苯	Isopropylbenzene	1.2	4.8
46	溴苯	Bromobenzene	1.3	5.2
47	1,1,2,2-四氯乙烷	1,1,2,2-Tetrachloroethane	1.2	4.8
48	1,2,3-三氯丙烷	1,2,3-Trichloropropane	1.2	4.8
49	正丙苯	n-propylbenzene	1.2	4.8
50	2-氯甲苯	2-Chlorotoluene	1.3	5.2
51	1,3,5-三甲基苯	1,3,5-Trimethylbenzene	1.4	5.6
52	4-氯甲苯	4-Chlorotoluene	1.3	5.2
53	叔丁基苯	$tert$-butylbenzene	1.2	4.8
54	1,2,4-三甲基苯	1,2,4-Trimethylbenzene	1.3	5.2
55	仲丁基苯	sec-butylbenzene	1.1	4.4
56	1,3-二氯苯	1,3-Dichlorobenzene	1.5	6.0
57	4-异丙基甲苯	p-isopropyltoluene	1.3	5.2
58	1,4-二氯苯	1,4-Dichlorobenzene	1.5	6.0

续表

序号	目标物中文名称	目标物英文名称	检出限	测定下限
59	正丁基苯	*n*-butylbenzene	1.7	6.8
60	1,2-二氯苯	1,2-Dichlorobenzene	1.5	6.0
61	1,2-二溴-3-氯丙烷	1,2-Dibromo-3-chloropropane	1.9	7.6
62	1,2,4-三氯苯	1,2,4-Trichlorobenzene	0.3	1.2
63	六氯丁二烯	Hexachlorobutadiene	1.6	6.4
64	萘	Naphthalene	0.4	1.6
65	1,2,3-三氯苯	1,2,3-Trichlorobenzene	0.2	0.8

4.1.3　方法原理

　　样品中的挥发性有机物经高纯氦气（或氮气）吹扫富集于捕集管中，将捕集管加热并以高纯氦气反吹，被热脱附出来的组分进入气相色谱并分离后，用质谱仪进行检测。通过与待测目标物标准质谱图比较，并根据保留时间进行定性，内标法定量。方法流程见图4-1。

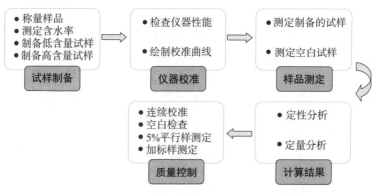

图4-1　方法流程

36

4.1.4　试剂和材料

4.1.4.1　甲醇（CH_3OH）

农药残留分析纯级（图 4-2）。

图 4-2　农药残留分析纯级甲醇

4.1.4.2　挥发性有机物标准贮备液

标准贮备液，ρ=1 000～5 000 mg/L。可直接购买市售有证标准溶液，或用标准物质配制。

4.1.4.3　挥发性有机物标准使用液：ρ=10.0～100.0 mg/L

易挥发的目标物如二氯二氟甲烷、氯甲烷、三氯氟甲烷、氯乙烷、溴甲烷和氯乙烯等的标准使用液需单独配制，保存期通常为 1 周，其他目标物的标准使用液保存期为 1 个月，或参照制造商说明配制。

4.1.4.4 内标标准溶液：ρ=25 μg/ml

宜选用氟苯、氯苯 $-d_5$ 和 1,4- 二氯苯 $-d_4$ 作为内标。可直接购买市售有证标准溶液，或用高质量浓度标准溶液配制。

4.1.4.5 替代物标准溶液：ρ=25 μg/ml

宜选用二溴氟甲烷、甲苯 $-d_8$ 和 4- 溴氟苯作为替代物。可直接购买市售有证标准溶液，或用高质量浓度标准溶液配制。

4.1.4.6 4- 溴氟苯（BFB）溶液：ρ=25 μg/ml

可直接购买市售有证标准溶液，或用高质量浓度标准溶液配制（图 4-3）。

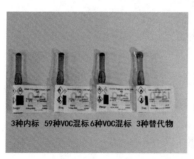

图 4-3　分析方法所用的标准物质

4.1.4.7 氦气

纯度（体积分数）为 99.999% 以上，经脱氧剂脱氧，分子筛脱水（图 4-4）。

4.1.4.8　氮气

纯度（体积分数）为 99.999% 以上（图 4-5）。

图 4-4　纯度≥99.999%　　　图 4-5　纯度≥99.999%
　　　的氦气　　　　　　　　　　的氮气

4.1.4.9　空白试剂水

二次蒸馏水或通过纯水设备制备的水。实验室用
纯水设备见图 4-6。

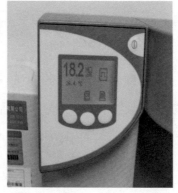

图 4-6　实验室用纯水设备

空白试剂水在使用前需经过空白检验，确认在目标物的保留时间区间内无干扰色谱峰出现或其中的目标物质量浓度低于方法检出限。

4.1.5 仪器和设备

4.1.5.1 样品瓶

具聚四氟乙烯－硅胶衬垫螺旋盖的 60 ml 棕色广口玻璃瓶（或大于 60 ml 的其他规格玻璃瓶）、40 ml 棕色玻璃瓶和无色玻璃瓶。

4.1.5.2 气相色谱仪

具分流／不分流进样口，能对载气进行电子压力控制，可程序升温。

4.1.5.3 质谱仪

电子轰击（EI）电离源，1 s 内能从 35 u 扫描至 270 u；具 NIST 质谱图库、手动／自动调谐、数据采集、定量分析及谱库检索等功能。

4.1.5.4 吹扫捕集装置

吹扫装置能够将样品加热至 40 ℃，捕集管使用 1/3 Tenax、1/3 硅胶、1/3 活性炭混合吸附剂或其他等效吸附剂。若使用无自动进样器的吹扫捕集装置，其配备的吹扫管应至少能够盛放 5 g 样品和 10 ml 的水。

图 4-7 气相色谱 – 质谱联用仪 / 吹扫捕集装置

4.1.5.5 色谱柱

30 m×0.25 mm，1.4 μm 膜厚（6% 腈丙苯基、94% 二甲基聚硅氧烷固定液）；或使用其他等效性能的色谱柱（图 4-8）。

图 4-8 分析方法所用的色谱柱

4.1.5.6　天平

精度为 0.01 g（图 4-9）。

图 4-9　天平

4.1.5.7　微量注射器

10 μl、25 μl、100 μl、250 μl 和 500 μl。

4.1.5.8　棕色玻璃瓶

2 ml，具聚四氟乙烯硅胶衬垫和实心螺旋盖。

4.1.5.9　一次性巴斯德玻璃吸液管

4.1.5.10　药勺

聚四氟乙烯或不锈钢材质。

4.1.5.11　一般实验室常用仪器和设备（图 4-10）

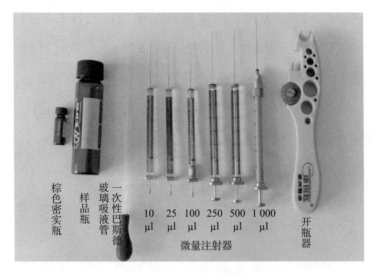

棕色密实瓶　一次性巴斯德玻璃吸液管样品瓶

10 μl　25 μl　100 μl　250 μl　500 μl　1 000 μl

微量注射器

开瓶器

图 4-10　分析方法所用耗材

4.1.5.12　便携式冷藏箱

容积 20 L，温度 4℃以下。

4.1.6　样品制备

4.1.6.1　样品的采集

按照《场地环境监测技术导则》（HJ 25.2—2014）和《海洋监测规范　第 3 部分：样品采集、贮存与运输》（GB 17378.3—2007）的相关要求采集土壤样品和沉积物样品。可在采样现场使用用于挥发性有机物测定的便携式检测仪对样品进行目标物含量高低的初

筛。所有样品均应至少采集 3 份平行样品，并用 60 ml
样品瓶（或大于 60 ml 的其他规格样品瓶）另外采集
一份样品，用于测定高含量样品中的挥发性有机物和
样品含水率。采样前在样品瓶（4.2.5.1）中放置磁力
搅拌子，密封，称重（精确至 0.01 g）。采集约 5 g 样
品至样品瓶中，快速清除掉样品瓶螺纹及外表面黏
附的样品，立即密封样品瓶。另外采集一份样品于采
样瓶（4.2.5.1）中，这份样品用于高含量样品和含水
率的测定。样品采集后置于便携式冷藏箱（4.2.5.12）
内带回实验室。

> 注 1：若使用一次性塑料注射器采集样品，针筒部分的直径应能够
> 伸入 40 ml 样品瓶的颈部。针筒末端的注射器部分在采样之前应切断。
> 一个注射器只能用于采集一份样品。若使用不锈钢专用采样器，采样器
> 需配有助推器，可将土壤样品推入样品瓶。

> 注 2：若初步判定样品中目标物含量小于 200 μg/kg 时，采集约 5 g
> 样品；若初步判定样品中目标物含量大于或等于 200 μg/kg 时，应分别
> 采集约 1 g 和 5 g 样品。

4.1.6.2　样品的保存

样品采集后应冷藏运输，运回实验室后应尽快分
析。实验室内样品存放区域应无有机物干扰，在 4℃
以下保存期为 7 d（图 4-11）。

图 4-11　样品保存

4.1.6.3　样品含水率的测定

取 5 g（精确至 0.01 g）样品在（105±5）℃下干燥至少 6 h（图 4-12），以烘干前后样品质量的差值除以烘干前样品的质量再乘以 100，计算样品含水率 W（%），精确至 0.1%。

样品称重　　　　　　　　　　样品烘干

图 4-12　土壤样品含水率的测定

4.1.7 分析步骤

4.1.7.1 仪器参考条件

（1）吹扫捕集装置参考条件

吹扫流量 40 ml/min；吹扫温度 40℃；预热时间 2 min；吹扫时间 11 min；干吹时间 2 min；预脱附温度 180℃；脱附温度 190℃；脱附时间 2 min；烘烤温度 200℃；烘烤时间 8 min；传输线温度 200℃。其余参数参照仪器使用说明书进行设定。

（2）气相色谱参考条件

进样口温度 200℃；载气为氦气；分流比 30∶1；柱流量（恒流模式）1.5 ml/min；升温程序：38℃（1.8 min）→ 10℃/min → 120℃ → 15℃/min → 240℃（2 min）。

（3）质谱参考条件

扫描方式为全扫描；扫描范围 35～270 amu；离子化能量 70 eV；电子倍增器电压与调谐电压一致；接口温度 280℃；其余参数参照仪器使用说明书进行设定。

注3：为提高灵敏度，也可选用选择离子扫描方式进行分析，其特征离子选择参照表 4-2。

表 4-2　目标物的测定参考参数

序号	目标物中文名称	目标物英文名称	CAS 号	类型	定量内标	第一特征离子（m/z）	第二特征离子（m/z）
1	二氯二氟甲烷	Dichlorodifluoromethane	75-71-8	目标物	1	85	87
2	氯甲烷	Chloromethane	74-87-3	目标物	1	50	52
3	氯乙烯	Chloroethene	75-01-4	目标物	1	62	64
4	溴甲烷	Bromomethane	74-83-9	目标物	1	94	96
5	氯乙烷	Chloroethane	75-00-3	目标物	1	64	66
6	三氯氟甲烷	Trichlorofluoromethane	75-69-4	目标物	1	101	103
7	1,1-二氯乙烯	1,1-Dichloroethene	75-35-4	目标物	1	96	61,63
8	丙酮	Acetone	67-64-1	目标物	1	58	43
9	碘甲烷	Iodomethane	74-88-4	目标物	1	142	127,141
10	二硫化碳	Carbon disulfide	75-15-0	目标物	1	76	78
11	二氯甲烷	Methylene chloride	75-09-2	目标物	1	84	86,49
12	反式 -1,2-二氯乙烯	trans-1,2-dichloroethene	156-60-5	目标物	1	96	61,98
13	1,1-二氯乙烷	1,1-Dichloroethane	75-34-3	目标物	1	63	65,83
14	2,2-二氯丙烷	2,2-Dichloropropane	594-20-7	目标物	1	77	97

序号	目标物中文名称	目标物英文名称	CAS 号	类型	定量内标	第一特征离子（m/z）	第二特征离子（m/z）
15	顺式-1,2-二氯乙烯	cis-1,2-dichloroethene	156-59-2	目标物	1	96	61,98
16	2-丁酮	2-Butanone	78-93-3	目标物	1	72	43
17	溴氯甲烷	Bromochloromethane	74-97-5	目标物	1	128	49,130
18	氯仿	Chloroform	67-66-3	目标物	1	83	85
19	二溴氟甲烷	Dibromofluoromethane	1868-53-7	替代物	1	113	—
20	1,1,1-三氯乙烷	1,1,1-Trichloroethane	71-55-6	目标物	1	97	99,61
21	四氯化碳	Carbontetrachloride	56-23-5	目标物	1	117	119
22	1,1-二氯丙烯	1,1-Dichloropropene	563-58-6	目标物	1	75	110,77
23	苯	Benzene	71-43-2	目标物	1	78	—
24	1,2-二氯乙烷	1,2-Dichloroethane	107-06-2	目标物	1	62	98
25	氟苯	Fluorobenzene	462-06-6	内标 1	—	96	—
26	三氯乙烯	Trichloroethylene	79-01-6	目标物	1	95	97,130
27	1,2-二氯丙烷	1,2-Dichloropropane	78-87-5	目标物	1	63	112
28	二溴甲烷	Dibromomethane	74-95-3	目标物	1	93	95,174
29	一溴二氯甲烷	Bromodichloromethane	75-27-4	目标物	1	83	85,127

续表

序号	目标物中文名称	目标物英文名称	CAS 号	类型	定量内标	第一特征离子（m/z）	第二特征离子（m/z）
30	4-甲基-2-戊酮	4-Methyl-2-pentanone	108-10-1	目标物	1	100	43
31	甲苯-d_8	Toluene-d_8	2037-26-5	替代物	2	98	—
32	甲苯	Toluene	108-88-3	目标物	2	92	91
33	1,1,2-三氯乙烷	1,1,2-Trichloroethane	79-00-5	目标物	2	83	97,85
34	四氯乙烯	Tetrachloroethylene	127-18-4	目标物	2	164	129,131
35	1,3-二氯丙烷	1,3-Dichloropropane	142-28-9	目标物	2	76	78
36	2-己酮	2-Hexanone	591-78-6	目标物	2	43	58,57
37	二溴氯甲烷	Dibromochloromethane	124-48-1	目标物	2	129	127
38	1,2-二溴乙烷	1,2-Dibromoethane	106-93-4	目标物	2	107	109,188
39	氯苯-d_5	Chlorobenzene-d_5	3114-55-4	内标 2	—	117	—
40	氯苯	Chlorobenzene	108-90-7	目标物	2	112	77,114
41	1,1,1,2-四氯乙烷	1,1,1,2-Tetrachloroethane	630-20-6	目标物	2	131	133,119
42	乙苯	Ethylbenzene	100-41-4	目标物	2	106	91
43	1,1,2-三氯丙烷	1,1,2-Trichloropropane	598-77-6	目标物	2	63	—

49

续表

序号	目标物中文名称	目标物英文名称	CAS 号	类型	定量内标	第一特征离子（m/z）	第二特征离子（m/z）
44	间－二甲苯	m-xylene	108-38-3	目标物	2	106	91
45	对－二甲苯	p-xylene	106-42-3	目标物	2	106	91
46	邻－二甲苯	o-xylene	95-47-6	目标物	2	106	91
47	苯乙烯	Styrene	100-42-5	目标物	2	104	78
48	溴仿	Bromoform	75-25-2	目标物	2	173	175,254
49	异丙苯	Isopropylbenzene	98-82-8	目标物	3	105	120
50	4－溴氟苯	4-Bromofluorobenzene	460-00-4	替代物	3	95	174,176
51	溴苯	Bromobenzene	108-86-1	目标物	3	156	77,158
52	1,1,2,2－四氯乙烷	1,1,2,2-Tetrachloroethane	79-34-5	目标物	3	83	131,85
53	1,2,3－三氯丙烷	1,2,3-Trichloropropane	96-18-4	目标物	3	75	77
54	正丙苯	n-propylbenzene	103-65-1	目标物	3	91	120
55	2－氯甲苯	2-Chlorotoluene	95-49-8	目标物	3	91	126
56	1,3,5－三甲基苯	1,3,5-Trimethylbenzene	108-67-8	目标物	3	105	120
57	4－氯甲苯	4-Chlorotoluene	106-43-4	目标物	3	91	126

序号	目标物中文名称	目标物英文名称	CAS号	类型	定量内标	第一特征离子 (m/z)	第二特征离子 (m/z)
58	叔丁基苯	tert-butylbenzene	98-06-6	目标物	3	119	91,134
59	1,2,4-三甲基苯	1,2,4-Trimethylbenzene	95-63-6	目标物	3	105	120
60	仲丁基苯	sec-butylbenzene	135-98-8	目标物	3	105	134
61	1,3-二氯苯	1,3-Dichlorobenzene	541-73-1	目标物	3	146	111,148
62	4-异丙基甲苯	p-isopropyltoluene	99-87-6	目标物	3	119	134,91
63	1,4-二氯苯-d₄	1,4-Dichlorobenzene-d₄	3855-82-1	内标3	—	152	115,150
64	1,4-二氯苯	1,4-Dichlorobenzene	106-46-7	目标物	3	146	111,148
65	正丁基苯	n-butylbenzene	104-51-8	目标物	3	91	92,134
66	1,2-二氯苯	1,2-Dichlorobenzene	95-50-1	目标物	3	146	111,148
67	1,2-二溴-3-氯丙烷	1,2-Dibromo-3-chloropropane	96-12-8	目标物	3	75	155,157
68	1,2,4-三氯苯	1,2,4-Trichlorobenzene	120-82-1	目标物	3	180	182,145
69	六氯丁二烯	Hexachlorobutadiene	87-68-3	目标物	3	225	223,227
70	萘	Naphthalene	91-20-3	目标物	3	128	—
71	1,2,3-三氯苯	1,2,3-Trichlorobenzene	87-61-6	目标物	3	180	182,145

4.1.7.2 校准

（1）仪器性能检查

用微量注射器移取 1～2 µl BFB 溶液，直接注入气相色谱仪进行分析，或加到 5 ml 空白试剂水中，通过吹扫捕集装置注入气相色谱仪进行分析。用四极杆质谱得到的 BFB 关键离子丰度应符合表 4-3 中的标准，否则需对质谱仪的参数进行调整或者考虑清洗离子源。若仪器软件不能自动判定 BFB 关键离子丰度是否符合表 4-3 标准，可通过取峰项扫描点及其前后两个扫描点离子丰度的平均值扣除背景值后获得关键离子丰度，并应符合表 4-3 标准。背景值的选取可以是 BFB 出峰前 20 次扫描点中的任意一点，该背景值应是柱流失或仪器背景离子产生的。图 4-13 为实验中 BFB 仪器性能检查结果。

表 4-3　BFB 关键离子丰度标准

质荷比（m/z）	离子丰度标准	质荷比（m/z）	离子丰度标准
50	质量 95 的 8%～40%	174	大于质量 95 的 50%
75	质量 95 的 30%～80%	175	质量 174 的 5%～9%
95	基峰，100% 相对丰度	176	质量 174 的 93%～101%
96	质量 95 的 5%～9%	177	质量 176 的 5%～9%
173	小于质量 174 的 2%	—	—

（2）绘制校准曲线

用微量注射器分别移取一定量的标准使用液和替

目标质量	相对于质量	下限限制%	上限限制%	相对Abn%	原始Abn	结果通过/失败
50	95	8	40	15.2	3 614	通过
75	95	30	80	42.9	10 195	通过
95	95	100	100	100.0	23 744	通过
96	95	5	9	6.6	1 564	通过
173	174	0.00	2	0.0	0	通过
174	95	50	200	103.1	24 472	通过
175	174	5	9	6.8	1 668	通过
176	174	93	101	95.6	23 392	通过
177	176	5	9	6.9	1 606	通过

图 4-13　BFB 仪器性能检查结果

代物标准溶液至空白试剂水中，配制目标物和替代物质量浓度分别为 5.00 μg/L、20.0 μg/L、50.0 μg/L、100 μg/L 和 200 μg/L 的标准系列（图 4-14）。

图 4-14　标准曲线系列的配制

用气密性注射器分别量取 5.00 ml 上述标准系列至 40 ml 样品瓶中（若无自动进样器，则直接加到吹扫管中），分别加入 10.0 μl 标准溶液，使每点的内标质量浓度均为 50.0 μg/L。按照仪器参考条件，从低浓度到高浓度依次测定，记录标准系列目标物及相对应内标的保留时间、定量离子（第一或第二特征离子）的响应值。

①用平均响应因子建立校准曲线。

标准系列中第 i 点目标物（或替代物）的相对响应因子（RRF_i），按式（4-1）进行计算。

$$RRF_i = \frac{A_i}{A_{ISi}} \times \frac{\rho_{ISi}}{\rho_i} \qquad (4-1)$$

式中：RRF_i——标准系列中第 i 点目标物（或替代物）的相对响应因子；

A_i——标准系列中第 i 点目标物（或替代物）定量离子的响应值；

A_{ISi}——标准系列中第 i 点目标物（或替代物）相对应内标定量离子的响应值；

ρ_{ISi}——标准系列中内标的含量，ng；

ρ_i——标准系列中第 i 点目标物（或替代物）的含量，ng。

目标物（或替代物）的平均相对响应因子，按照式（4-2）进行计算。

$$\overline{RRF} = \frac{\sum_{i=1}^{n} RRF_i}{n} \qquad (4-2)$$

式中：$\overline{RRF}$——目标物（或替代物）的平均相对响应因子；

RRF_i——标准系列中第 i 点目标物（或替代物）的相对响应因子；

n——标准系列点数。

RRF 的标准偏差（SD），按照式（4-3）进行计算。

$$SD = \sqrt{\frac{\sum_{i=1}^{n}\left(RRF_i - \overline{RRF}\right)^2}{n-1}} \qquad （4\text{-}3）$$

RRF 的相对标准偏差（RSD），按照式（4-4）进行计算。

$$RSD = \frac{SD}{\overline{RRF}} \times 100\% \qquad （4\text{-}4）$$

标准系列目标物（或替代物）相对响应因子（RRF）的相对标准偏差应小于或等于 20%。

②用最小二乘法绘制校准曲线。

若标准系列中某个目标物相对响应因子的相对标准偏差大于 20%，则此目标物需用最小二乘法校准曲线进行校准，即以目标物和相对应内标的响应值比为纵坐标，浓度比为横坐标，绘制校准曲线。

注 4：若标准系列中某个目标物相对响应因子的相对标准偏差大于 20%，则此目标物也可以采用非线性拟合曲线进行校准，其相关系数应大于或等于 0.99。

（3）标准样品的色谱图

图 4-15 为在本标准规定的仪器条件下，目标物的总离子流色谱图。

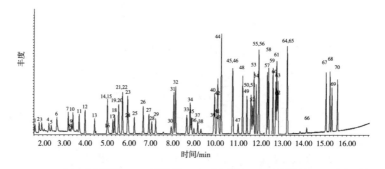

1—二氯二氟甲烷；2—氯甲烷；3—氯乙烯；4—溴甲烷；5—氯乙烷；6—三氯氟甲烷；7—1,1-二氯乙烯；8—丙酮；9—碘甲烷；10—二硫化碳；11—二氯甲烷；12—反式 -1,2-二氯乙烯；13—1,1-二氯乙烷；14—2,2-二氯丙烷；15—顺式 -1,2-二氯乙烯；16—2-丁酮；17—溴氯甲烷；18—氯仿；19—二溴氟甲烷；20—1,1,1-三氯乙烷；21—四氯化碳；22—1,1-二氯丙烯；23—苯；24—1,2-二氯乙烷；25—氟苯；26—三氯乙烯；27—1,2-二氯丙烷；28—二溴甲烷；29——溴二氯甲烷；30—4-甲基 -2-戊酮；31—甲苯 -d_8；32—甲苯；33—1,1,2-三氯乙烷；34—四氯乙烯；35—1,3-二氯丙烷；36—2-己酮；37—二溴氯甲烷；38—1,2-二溴乙烷；39—氯苯 -d_5；40—氯苯；41—1,1,1,2-四氯乙烷；42—乙苯；43—1,1,2-三氯丙烷；44—间 / 对 -二甲苯；45—邻 -二甲苯；46—苯乙烯；47—溴仿；48—异丙苯；49—4-溴氟苯；50—溴苯；51—1,1,2,2-四氯乙烷；52—1,2,3-三氯丙烷；53—正丙苯；54—2-氯甲苯；55—1,3,5-三甲基苯；56—4-氯甲苯；57—叔丁基苯；58—1,2,4-三甲基苯；59—仲丁基苯；60—1,3-二氯苯；61—4-异丙基甲苯；62—1,4-二氯苯 -d_4；63—1,4-二氯苯；64—正丁基苯；65—1,2-二氯苯；66—1,2-二溴 -3-氯丙烷；67—1,2,4-三氯苯；68—六氯丁二烯；69—萘；70—1,2,3-三氯苯

图 4-15　目标物、内标及替代物的色谱图

4.1.7.3　样品的测定

测定前，先将样品瓶从冷藏设备中取出，使其恢复至室温。

（1）低含量样品的测定

若初步判定样品中挥发性有机物含量低于 200 μg/kg，

则取 5 g 样品直接测定；若初步判定样品中挥发性有机物含量为 200～1 000 μg/kg，则取 1 g 样品直接测定。

若吹扫捕集装置无自动进样器，先将吹扫管称重，加入适量标准溶液样品后再次称重（精确至 0.01 g），将吹扫管装入吹扫捕集装置。用微量注射器分别量取 10.0 μl 内标标准溶液和 10.0 μl 替代物标准溶液，加至用气密性注射器量取的 5.0 ml 空白试剂水中作为试料，放入吹扫管中，按照仪器参考条件进行测定。

若吹扫捕集装置带有自动进样器，将样品瓶轻轻摇动，确认样品瓶中的样品能够自由移动，称量并记录样品瓶重量（精确至 0.01 g）。用气密性注射器量取 5.0 ml 空白试剂水、用微量注射器分别量取 10.0 μl 内标标准溶液（4.1.4.4）和 10.0 μl 替代物标准溶液（4.1.4.5）加入样品瓶，按照仪器参考条件进行测定。低含量试样制备流程见图 4-16，低含量试样制备示意见图 4-17。

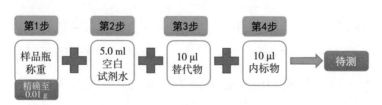

图 4-16　低含量试样制备流程

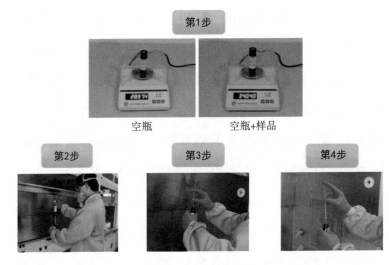

第1步

空瓶　　　　空瓶+样品

第2步　　　第3步　　　第4步

图 4-17　低含量试样制备

注5：当用 1 g 样品分析时，若目标物未检出，需重新分析 5 g 样品；若目标物浓度高于标准系列最高点，应按照高含量样品测定方法重新分析样品。

（2）高含量样品的测定

对于初步判定目标物含量大于 1 000 μg/kg 的样品，在实验室内取出采样瓶，待采样瓶恢复至室温后，称取 5 g 样品（精确至 0.01 g）置于样品瓶（5.1）中，迅速加入 10.0 ml 甲醇（4.1），密封，盖好瓶盖并振摇 2 min。静置沉降后，用一次性巴斯德玻璃吸液管（5.9）移取约 1.0 ml 提取液至 2 ml 棕色密实瓶（5.8）中，必要时可对提取液进行离心分离。高含量试样制备流程见图 4-18，高含量试样制备示意见图 4-19。

58

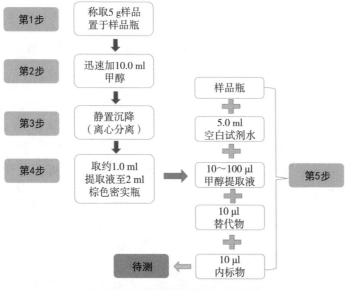

图 4-18　高含量试样制备流程

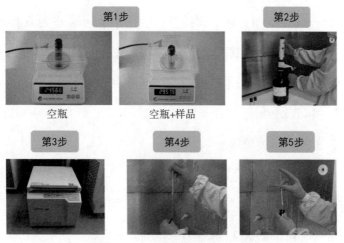

图 4-19　高含量试样制备

注 6：若样品含水率大于 10%，提取液体积 V_e 应为甲醇与样品中水的体积之和；若样品含水率小于或等于 10%，提取液体积 V_e 为 10 ml。

4.1.8　结果表示

①当测定结果小于 100 μg/kg 时，保留小数点后 1 位；当测定结果大于或等于 100 μg/kg 时，保留 3 位有效数字。

②当使用本标准中规定的毛细管柱时，间 / 对 - 二甲苯测定结果为间 - 二甲苯和对 - 二甲苯两者之和。

4.1.9　精密度和准确度

4.1.9.1　精密度

5 家实验室分别对 5.0 μg/kg、100 μg/kg 的统一样品进行了测定，实验室内相对标准偏差分别为 1.0%～38.6%、1.0%～15.6%；实验室间相对标准偏差为 0.2%～57.4%、0.3%～15.0%；重复性限分别为 0.09～2.93 μg/kg、7.83～31.5 μg/kg；再现性限分别为 0.96～5.55 μg/kg、8.9～44.3 μg/kg。

4.1.9.2　准确度

5 家实验室分别对加标量为 250 ng 的土壤和沉积物样品进行加标分析测定，加标回收率范围分别为 65.8%～110%、62.6%～106%。

精密度和准确度结果见表 4-4。

表4-4 方法的精密度和准确度

61

名称	总平均值/(μg/kg)	实验室内相对标准偏差/%	实验室间相对标准偏差/%	重复性限r/(μg/kg)	再现性限R/(μg/kg)	土壤加标回收率($\bar{P}\pm 2S_{\bar{P}}$)/%	沉积物加标回收率($\bar{P}\pm 2S_{\bar{P}}$)/%
二氯二氟甲烷	3.37	3.0~14.7	53.4	1.04	5.12	82.0±46.0	82.0±37.6
	99.4	3.0~12.4	7.0	23.0	28.4		
氯甲烷	3.50	10.7~20.3	57.4	1.02	4.89	94.9±10.8	106±28.4
	99.3	6.3~9.0	3.8	18.6	20.7		
氯乙烯	3.61	12.5~23.0	53.2	1.20	4.72	97.9±15.4	104±18.0
	95.6	10.0~13.5	8.2	31.5	36.2		
溴甲烷	3.50	16.0~18.0	20.9	1.30	2.28	101±28.4	96.2±18.8
	92.5	3.5~13.9	15.0	21.6	34.9		
氯乙烷	4.15	7.8~8.1	27.0	0.78	2.54	103±14.6	91.2±35.0
	93.8	8.0~15.6	14.4	29.7	42.9		
三氯氟甲烷	4.13	7.0~22.2	27.9	1.56	3.13	95.7±29.8	98.4±25.2
	95.2	6.0~10.5	8.7	22.0	29.9		

名称	总平均值/(μg/kg)	实验室内相对标准偏差/%	实验室间相对标准偏差/%	重复性限 r/(μg/kg)	再现性限 R/(μg/kg)	土壤加标回收率 ($\bar{P} \pm 2S_{\bar{p}}$)/%	沉积物加标回收率 ($\bar{P} \pm 2S_{\bar{p}}$)/%
1,1-二氯乙烯	4.44	3.0~23.2	14.2	1.52	2.25	90.6±43.0	92.0±42.6
	97.5	2.0~7.6	4.1	15.9	18.2		
丙酮	4.66	3.0~8.8	13.7	0.76	1.84	110±40.0	99.3±27.0
	102	3.0~9.2	3.8	18.4	28.7		
碘甲烷	4.27	5.7~5.8	0.2	0.75	1.97	89.8±40.0	102±7.4
	90.0	6.9~7.1	0.3	14.7	17.6		
二硫化碳	4.01	5.0~9.9	31.6	0.77	2.77	95.6±29.2	93.9±19.8
	96.4	5.0~9.9	9.5	18.2	24.7		
二氯甲烷	4.67	2.0~9.7	7.3	0.87	1.26	102±31.6	98.7±17.8
	99.3	2.0~5.5	4.4	12.0	16.3		
反式-1,2-二氯乙烯	4.73	1.0~14.4	10.3	1.14	1.72	98.0±36.2	93.9±27.8
	100	1.0~13.8	8.1	20.4	29.3		

名称	总平均值/（μg/kg）	实验室内相对标准偏差/%	实验室间相对标准偏差/%	重复性限 r/（μg/kg）	再现性限 R/（μg/kg）	土壤加标回收率（$\bar{P}\pm2S_{\bar{P}}$）/%	沉积物加标标回收率（$\bar{P}\pm2S_{\bar{P}}$）/%
1,1-二氯乙烷	4.83	2.5~7.1	7.1	0.67	1.14	97.9±31.8	93.6±19.6
	101	2.4~5.0	4.3	10.6	15.7		
2,2-二氯丙烷	4.59	6.9~8.9	9.5	0.94	1.34	99.0±21.4	97.1±17.6
	103	3.0~10.2	7.3	17.3	24.6		
顺式-1,2-二氯乙烯	4.62	7.9~21.8	8.7	1.52	1.68	96.6±21.2	90.0±24.0
	101	2.6~5.2	6.9	13.0	22.1		
2-丁酮	4.65	12.0~27.6	8.1	2.08	2.08	109±35.4	93.6±34.0
	100	6.8~7.0	1.2	16.4	16.4		
溴氯甲烷	4.75	2.0~8.0	10.0	0.78	1.52	93.4±24.6	92.6±19.2
	100	2.0~3.9	4.1	9.31	14.2		
氯仿	4.83	3.0~5.8	5.7	0.66	0.98	101±28.0	96.1±16.2
	99.6	2.8~5.0	3.1	10.5	12.9		

续表

名称	总平均值 /(μg/kg)	实验室内相对标准偏差 /%	实验室间相对标准偏差 /%	重复性限 r/ (μg/kg)	再现性限 R/ (μg/kg)	土壤加标回收率 ($\bar{P} \pm 2S_P$) /%	沉积物加标回收率 ($\bar{P} \pm 2S_P$) /%
1,1,1-三氯乙烷	4.53	3.0~8.9	11.5	0.76	1.62	98.1±34.8	94.9±21.6
	101	3.0~4.2	4.3	9.78	15.1		
四氯化碳	4.52	3.0~14.8	9.4	1.20	1.61	89.8±36.0	84.9±57.0
	98.0	2.4~9.0	2.4	15.6	15.7		
1,1-二氯丙烯	4.20	8.8~19.9	7.8	1.38	1.58	94.0±21.0	91.9±18.0
	101	2.7~4.4	7.9	10.0	21.5		
苯	5.55	3.0~14.0	23.0	1.10	3.69	95.0±28.0	94.9±28.2
	97.5	3.0~4.9	3.9	11.2	14.8		
1,2-二氯乙烷	4.73	2.4~8.8	4.6	0.90	0.98	98.7±21.2	97.1±17.6
	98.3	3.3~4.0	2.1	14.9	16.0		
三氯乙烯	4.67	3.0~16.1	12.1	1.11	1.87	94.8±22.8	88.4±28.4
	101	3.0~4.2	6.5	9.96	20.5		

名称	总平均值/（μg/kg）	实验室内相对标准偏差/%	实验室间相对标准偏差/%	重复性限 r/（μg/kg）	再现性限 R/（μg/kg）	土壤加标回收率（$\bar{P}\pm2S_{\bar{P}}$）/%	沉积物加标回收率（$\bar{P}\pm2S_{\bar{P}}$）/%
1,2-二氯丙烷	4.76	4.0~10.7	7.9	0.09	1.34	97.9±14.8	95.6±14.4
	101	3.0~5.7	5.5	11.6	19.0		
二溴甲烷	4.78	2.0~8.7	7.0	0.87	1.23	94.1±19.2	90.9±18.4
	99.3	2.0~5.7	3.9	9.94	14.1		
一溴二氯甲烷	4.58	3.0~12.1	7.2	1.02	1.31	96.5±18.6	94.2±13.2
	99.9	2.0~3.7	3.7	8.67	12.9		
4-甲基-2-戊酮	4.66	5.0~25.5	1.4	1.76	1.76	94.8±22.2	89.8±15.6
	98.4	4.0~5.0	3.4	11.6	12.8		
甲苯	4.49	5.0~11.7	9.4	1.04	1.52	97.8±20.0	93.5±12.0
	100	3.4~6.0	3.1	12.5	14.3		
1,1,2-三氯乙烷	4.69	4.3~8.0	4.7	0.81	0.96	92.2±35.8	86.0±30.8
	101	3.4~5.0	3.8	11.6	15.2		

续表

名称	总平均值/(μg/kg)	实验室内相对标准偏差/%	实验室间相对标准偏差/%	重复性限 r/(μg/kg)	再现性限 R/(μg/kg)	土壤加标回收率 $(\bar{P}\pm 2S_{\bar{P}})$/%	沉积物加标回收率 $(\bar{P}\pm 2S_{\bar{P}})$/%
四氯乙烯	4.59	3.0~14.7	8.7	1.12	1.50	92.1±11.2	92.5±20.0
	101	2.6~4.0	4.4	9.34	15.1		
1,3-二氯丙烷	4.66	2.0~12.3	10.6	0.93	1.60	95.3±25.4	91.0±19.2
	102	2.0~4.8	6.2	10.2	20.2		
2-己酮	4.64	4.0~18.0	6.0	1.51	1.51	94.8±27.0	90.9±25.0
	99.9	3.3~6.7	3.3	14.2	18.8		
二溴氯甲烷	4.36	3.8~9.5	12.7	0.82	1.74	94.0±12.4	88.7±29.0
	102	2.2~4.0	4.2	7.83	13.8		
1,2-二溴乙烷	4.57	4.0~10.0	9.2	0.88	1.39	92.0±41.6	88.8±29.6
	102	2.5~4.8	4.7	10.6	16.4		
氯苯	4.60	4.0~9.8	7.9	0.91	1.29	90.6±22.6	93.4±23.4
	96.0	2.9~4.0	3.2	9.09	11.8		

名称	总平均值 / （μg/kg）	实验室内相对标准偏差 /%	实验室间相对标准偏差 /%	重复性限 r / （μg/kg）	再现性限 R / （μg/kg）	土壤加标回收率 （$\bar{P} \pm 2S_{\bar{p}}$） /%	沉积物加标回收率 （$\bar{P} \pm 2S_{\bar{p}}$） /%
1,1,1,2- 四氯乙烷	4.78	5.0～18.8	6.9	1.36	1.54	97.5 ± 19.4	94.2 ± 28.6
	99.5	3.0～5.0	2.5	9.91	11.5		
乙苯	4.55	4.5～23.7	8.7	1.47	1.73	90.9 ± 31.8	88.6 ± 35.6
	99.9	2.5～5.0	4.0	9.64	14.2		
1,1,2- 三氯丙烷	4.62	5.5～11.4	4.8	1.06	1.16	87.0 ± 13.4	85.1 ± 13.0
	97.1	2.6～4.2	0.5	8.90	8.90		
间 / 对 - 二甲苯	9.93	4.0～8.6	19.1	1.69	5.55	90.0 ± 35.4	94.5 ± 34.0
	203	3.0～4.8	7.0	21.3	44.3		
邻 - 二甲苯	4.36	4.3～18.7	14.5	1.02	1.98	92.3 ± 30.0	93.6 ± 37.0
	102	2.6～4.5	7.8	10.5	24.4		
苯乙烯	4.34	5.0～23.9	13.3	1.33	2.00	88.3 ± 37.6	93.5 ± 33.2
	101	2.8～5.0	6.8	10.3	21.4		

续表

名称	总平均值/(μg/kg)	实验室内相对标准偏差/%	实验室间相对标准偏差/%	重复性限 r/(μg/kg)	再现性限 R/(μg/kg)	土壤加标回收率 ($\bar{P}\pm 2S_{\bar{P}}$)/%	沉积物加标回收率 ($\bar{P}\pm 2S_{\bar{P}}$)/%
溴仿	4.22	3.0~23.1	11.0	1.54	1.90	87.6±31.0	91.9±31.0
	97.7	3.0~10.9	4.6	16.7	19.8		
异丙苯	4.34	4.0~24.0	13.6	1.42	2.12	94.7±28.2	92.9±32.8
	101	2.5~4.4	7.4	9.72	22.8		
溴苯	4.64	4.0~17.8	7.2	1.35	1.54	89.6±37.2	88.7±36.6
	101	3.5~8.0	7.2	14.9	24.5		
1,1,2,2-四氯乙烷	4.74	3.0~11.8	4.8	1.29	1.33	91.7±31.2	92.4±27.2
	99.4	3.0~7.9	5.5	15.9	21.2		
1,2,3-三氯丙烷	5.10	4.0~15.3	2.5	0.52	1.53	103±30.0	89.9±32.4
	99.8	2.3~7.7	2.3	13.3	13.6		
正丙苯	4.48	3.0~16.1	10.1	1.17	1.65	86.6±57.8	81.7±53.0
	103	2.0~9.0	8.7	15.2	28.6		

名称		总平均值/（μg/kg）	实验室内相对标准偏差/%	实验室间相对标准偏差/%	重复性限 r/（μg/kg）	再现性限 R/（μg/kg）	土壤加标回收率（$\bar{P} \pm 2S_{\bar{P}}$）/%	沉积物加标回收率（$\bar{P} \pm 2S_{\bar{P}}$）/%
2-氯甲苯		4.42	3.0~8.8	9.0	0.79	1.32	93.3±43.8	82.2±41.2
		100		9.6	25.9	35.8		
1,3,5-三甲基苯		4.39	4.0~10.1	9.5	1.01	1.46	89.9±47.6	82.9±43.6
		101	2.7~8.0	9.4	14.3	29.5		
4-氯甲苯		4.57	5.7~15.0	7.8	1.18	1.44	91.9±49.2	83.9±43.6
		102	3.8~9.2	8.1	17.6	28.1		
叔丁基苯		4.33	4.0~19.1	13.2	1.36	2.05	89.2±37.6	87.3±31.8
		103	3.0~6.2	8.3	12.8	26.9		
1,2,4-三甲基苯		4.40	4.0~11.9	11.2	1.01	1.67	87.2±57.8	84.5±51.6
		102	2.8~8.3	8.1	14.4	26.6		
仲丁基苯		4.41	3.0~18.9	8.1	1.39	1.60	88.5±49.0	83.5±42.8
		100	2.6~4.4	8.3	9.27	24.7		

名称	总平均值/(μg/kg)	实验室内相对标准偏差/%	实验室间相对标准偏差/%	重复性限 r/(μg/kg)	再现性限 R/(μg/kg)	土壤加标回收率 ($\bar{P}\pm2S_{\bar{P}}$)/%	沉积物加标回收率 ($\bar{P}\pm2S_{\bar{P}}$)/%
1,3-二氯苯	4.80	3.0~11.8	8.2	1.12	1.48	79.0±54.8	78.3±51.2
	103	3.0~5.7	7.9	12.8	25.5		
4-异丙基甲苯	4.44	3.7~16.7	9.3	1.22	1.60	84.5±58.0	83.5±51.2
	99.5	2.6~5.7	3.9	12.0	15.4		
1,4-二氯苯	4.73	4.0~13.7	7.4	1.26	1.52	79.4±58.4	78.6±54.2
	99.2	2.7~4.1	3.0	9.92	12.3		
正丁基苯	4.50	4.0~15.6	8.1	1.31	1.58	79.4±61.8	77.8±56.0
	99.1	3.0~4.3	3.6	9.95	13.5		
1,2-二氯苯	4.70	3.0~10.8	5.1	1.01	1.15	76.9±54.2	78.7±51.2
	100	3.0~4.9	3.0	12.8	14.3		
1,2-二溴-3-氯丙烷	4.30	3.2~30.0	21.6	2.93	3.73	82.9±34.2	78.0±20.4
	99.4	1.9~8.4	5.9	17.4	22.8		

名称	总平均值/(μg/kg)	实验室内相对标准偏差/%	实验室间相对标准偏差/%	重复性限 r/(μg/kg)	再现性限 R/(μg/kg)	土壤加标回收率 $(\bar{P}\pm2S_{\bar{p}})$/%	沉积物加标回收率 $(\bar{P}\pm2S_{\bar{p}})$/%
1,2,4-三氯苯	4.58	4.9~17.9	7.3	1.41	1.58	71.5±22.3	72.4±46.8
	96.0	3.5~7.3	5.6	13.0	19.3		
六氯丁二烯	4.89	3.9~13.9	9.4	1.31	1.76	73.8±36.2	76.7±40.2
	97.0	2.5~8.2	5.0	12.4	17.6		
萘	4.90	2.2~38.6	5.3	2.73	2.73	65.8±42.6	62.6±44.6
	101	3.3~11.2	11.5	23.1	38.6		
1,2,3-三氯苯	4.59	3.4~22.7	6.8	1.75	1.81	68.5±44.8	68.7±39.0
	97.1	2.8~5.0	7.1	11.0	21.9		

4.1.10　质量保证与质量控制

4.1.10.1　目标物定性

①当使用相对保留时间定性时，样品中目标物相对保留时间（RRT）与校准曲线中该目标物相对保留时间（RRT）的差值应在 0.06 以内。目标物的相对保留时间（RRT）按照式（4-5）进行计算。

$$RRT=\frac{RT_x}{RT_{IS}}\qquad(4\text{-}5)$$

式中：RRT——目标物的相对保留时间，min；

RT_x——目标物的保留时间，min；

RT_{IS}——与目标物相对应内标的保留时间，min。

②扣除质谱图背景后，将实际样品的质谱图与校准确认标准溶液的质谱图进行比较，实际样品中目标物质谱图中特征离子的相对丰度变化应在校准确认标准溶液的 ±30% 之内。

注 7：特征离子指目标物质谱图中 3 个相对丰度最大的离子，若质谱图中没有 3 个相对丰度最大的离子，则指相对丰度超过 30% 的所有离子。

4.1.10.2　仪器性能检查

每批样品分析之前或 24 h 之内，需进行仪器性能检查，并校准确认标准溶液和空白试验样品。

4.1.10.3　校准

①校准曲线中所要定量的目标物相对响应因子的

RSD 应小于或等于 20%，或线性、非线性校准曲线相关系数大于或等于 0.99，否则需更换捕集管、色谱柱或采取其他措施，然后重新绘制校准曲线。当采用最小二乘法绘制线性校准曲线时，将校准曲线最低点的响应值代入曲线公式计算，目标物的计算结果应为实际值的 70%～130%。

②校准确认标准溶液应在仪器性能检查之后进行分析。校准确认标准溶液中内标与校准曲线中间点内标比较，保留时间的变化不超过 10 s，定量离子峰面积变化为 50%～200%。

校准确认标准溶液中监测方案要求测定的目标物，其测定值与加入浓度值的比值为 80%～120%，否则在分析样品前应采取校正措施。若校正措施无效，则应重新绘制校准曲线。

4.1.10.4 样品

①空白试验分析结果应满足如下任一条件：

• 目标物浓度小于方法检出限；

• 目标物浓度小于相关环保标准限值的 5%；

• 目标物浓度小于样品分析结果的 5%。

若空白试验未满足以上要求，则应采取措施排除污染并重新分析同批样品。当分析空白试验样品时发现苯和苯乙烯出现异常高值，表明 Tenax 可能变质失效，需进行确认，必要时需更换捕集管。

②每批样品应至少采集一个运输空白样品和一个全程序空白样品。若怀疑样品受到污染，则需分析空白样品，其测定结果应满足空白试验的控制指标，否则需查找原因，采取措施排除污染后重新采集样品进行分析。

③每批样品分析之前或 24 h 之内，需进行仪器性能检查，测定校准确认标准溶液和空白试验样品。

④应在每批样品（最多 20 个）中选择一个进行平行分析或基体加标分析。所有样品中替代物加标回收率均应为 70%~130%，否则应重复分析该样品。若重复测定后替代物加标回收率仍不合格，说明样品存在基体效应。此时应分析一个空白加标样品，其中的目标物回收率应为 70%~130%。

若初步判定样品中含有目标物，则需分析一个平行样，平行样品中替代物相对偏差应在 25% 以内；若初步判定样品中不含有目标物，则需分析该样品的加标样品，该样品及加标样品中替代物相对偏差应在 25% 以内。

4.1.11　注意事项

①主要污染物来自溶剂、试剂、不纯的惰性吹扫气体、玻璃器皿和其他样品处理设备。应使用纯化后

的溶剂、试剂和惰性吹扫气体，样品贮存和分析时应尽量避免实验室中其他溶剂的污染，玻璃器皿和其他样品处理设备应清洗干净，不应使用非聚四氟乙烯密封垫圈、塑料管或橡胶组分的流量控制器，气相色谱载气管线及吹扫气管线应是不锈钢管或铜管，实验室分析人员的衣物不应有溶剂污染，特别是二氯甲烷污染。

②分析完高含量样品后，应分析一个或多个空白试验样品，检查是否发生交叉污染。

③若样品中含有大量水溶性物质、悬浮物、高沸点有机化合物或高含量有机化合物，在分析完后需用肥皂水和空白试剂水清洗吹扫装置及进样针，然后在烘箱中105℃烘干。

④若样品中有些高沸点有机化合物被吹脱出来，它们将在目标物之后流出色谱柱。在程序升温完成后，气相色谱应有烘烤时间，确保高沸点有机化合物流出色谱柱。

⑤酮类物质的吹扫温度升至80℃，吹扫捕集效率和回收率可明显提高。

4.1.12 废物处理

试验过程中产生的废物应分类处置，并做好相应标识，委托有资质的单位处理。

图 4-20　危险废物暂存

4.2　土壤和沉积物　挥发性卤代烃的测定　吹扫捕集 / 气相色谱 – 质谱法（HJ 735—2015）

警告：试验中所使用的内标、替代物和标准溶液均为易挥发的有毒化学品，配制过程中应在通风柜中进行操作；应按规定要求佩戴防护器具，避免接触皮肤和衣物。

4.2.1　适用范围

本标准规定了测定土壤和沉积物中挥发性卤代烃的吹扫捕集 / 气相色谱 – 质谱法。

本标准适用于土壤和沉积物中氯甲烷等 35 种挥发

性卤代烃的测定。其他挥发性卤代烃如果通过验证也适用于本标准。

4.2.2 检出限

当取样量为 5 g 时，35 种挥发性卤代烃的方法检出限为 0.3～0.4 μg/kg，测定下限为 1.1～1.6 μg/kg。详见表 4-5。

表 4-5　35 种目标物的检出限和测定下限

单位：μg/kg

序号	目标物中文名称	目标物英文名称	检出限	测定下限
1	二氯二氟甲烷	Dichlorodifluoromethane	0.3	1.2
2	氯甲烷	Chloromethane	0.3	1.2
3	氯乙烯	Chloroethene	0.3	1.2
4	溴甲烷	Bromomethane	0.3	1.2
5	氯乙烷	Chloroethane	0.3	1.2
6	三氯氟甲烷	Trichlorofluoromethane	0.3	1.2
7	1,1-二氯乙烯	1,1-Dichloroethene	0.3	1.2
8	二氯甲烷	Dichloromethane	0.3	1.2
9	反-1,2-二氯乙烯	*trans*-1,2-dichloroethene	0.3	1.2
10	1,1-二氯乙烷	1,1-Dichloroethane	0.3	1.2
11	2,2-二氯丙烷	2,2-Dichloropropane	0.3	1.2
12	顺-1,2-二氯乙烯	*cis*-1,2-dichloroethene	0.3	1.2
13	溴氯甲烷	Bromochloromethane	0.3	1.2
14	氯仿	Chloroform	0.3	1.2
15	1,1,1-三氯乙烷	1,1,1-Trichloroethane	0.3	1.2
16	1,1-二氯丙烯	1,1-Dichloropropene	0.3	1.2

序号	目标物中文名称	目标物英文名称	检出限	测定下限
17	四氯化碳	Carbontetrachloride	0.3	1.2
18	1,2-二氯乙烷	1,2-Dichloroethane	0.3	1.2
19	三氯乙烯	Trichloroethylene	0.3	1.2
20	1,2-二氯丙烷	1,2-Dichloropropane	0.3	1.2
21	二溴甲烷	Dibromomethane	0.3	1.2
22	一溴二氯甲烷	Bromodichloromethane	0.3	1.2
23	顺-1,3-二氯丙烯	*cis*-1,3-dichloropropene	0.3	1.2
24	反-1,3-二氯丙烯	*trans*-1,3-dichloropropene	0.3	1.2
25	1,1,2-三氯乙烷	1,1,2-Trichloroethane	0.3	1.2
26	四氯乙烯	Tetrachloroethylene	0.3	1.2
27	1,3-二氯丙烷	1,3-Dichloropropane	0.3	1.2
28	二溴一氯甲烷	Dibromochloromethane	0.3	1.2
29	1,2-二溴乙烷	1,2-Dibromoethane	0.4	1.1
30	1,1,1,2-四氯乙烷	1,1,1,2-Tetrachloroethane	0.3	1.2
31	溴仿	Bromoform	0.3	1.2
32	1,1,2,2-四氯乙烷	1,1,2,2-Tetrachloroethane	0.3	1.2
33	1,2,3-三氯丙烷	1,2,3-Trichloropropane	0.3	1.2
34	1,2-二溴-3-氯丙烷	1,2-Dibromo-3-chloropropane	0.3	1.2
35	六氯丁二烯	Hexachlorobutadiene	0.3	1.2

4.2.3 方法原理

样品中的挥发性卤代烃用高纯氦气（或氮气）吹扫出来，吸附于捕集管中，将捕集管加热并用氦气（或氮气）反吹，捕集管中的挥发性卤代烃被热脱附出来，组分进入气相色谱分离后，用质谱仪进行检测。

根据保留时间、碎片离子质荷比及不同离子丰度比定性，用内标法定量。方法流程见图4-21。

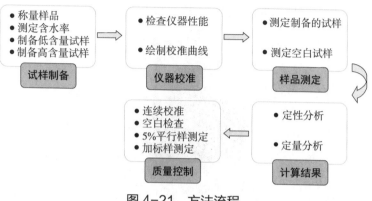

图4-21　方法流程

4.2.4　试剂和材料

4.2.4.1　实验用水

二次蒸馏水或纯水设备制备（图4-22）的水。使用前需经过空白检验，确认无目标物或目标物浓度低于方法检出限。

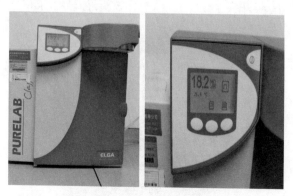

图4-22　实验室用纯水设备

4.2.4.2 甲醇（CH$_3$OH）

农残级（图 4-23），使用前需通过检验，确认无目标物或目标物浓度低于方法检出限。

图 4-23 农残级甲醇

4.2.4.3 标准贮备液：ρ=2 000 mg/L

直接购买市售有证标准溶液（图 4-24）。在 -10℃以下避光保存或参照制造商的产品说明。使用前应恢复至室温，并摇匀。开封后在密实瓶中可保存 1 个月。

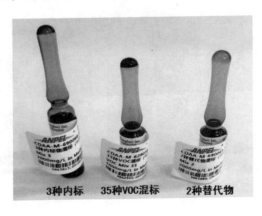

3种内标 35种VOC混标 2种替代物

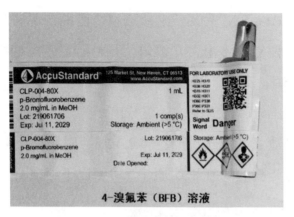

图 4-24　分析方法所用标准物质

4.2.4.4　标准使用液：ρ=2.5 mg/L

取适量标准贮备液（4.2.4.3），用甲醇（4.2.4.2）进行适当稀释。在密实瓶中 -10℃以下避光保存（图 4-25），可保存 1 周。

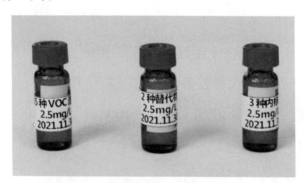

图 4-25　分析方法所用各标准使用液

4.2.4.5　内标贮备液：ρ=2 000 mg/L

选用氟苯、1- 氯 -2- 溴丙烷、4- 溴氟苯作为内标。可直接购买有证标准溶液，也可用标准物质制备。

在 -10℃以下避光保存或参照制造商的产品说明。使用前应恢复至室温,并摇匀。开封后在密实瓶中可保存 1 个月。

4.2.4.6　内标使用液:ρ=2.5 mg/L

取适量内标贮备液(4.2.4.5),用甲醇(4.2.4.2)进行适当稀释。在密实瓶中 -10℃以下避光保存,可保存 1 周。

4.2.4.7　替代物贮备液:ρ=2 000 mg/L

选用二氯甲烷 -d_2、1,2- 二氯苯 -d_4 作为替代物。可直接购买有证标准溶液,也可用标准物质制备。在 -10℃以下避光保存或参照制造商的产品说明。使用前应恢复至室温,并摇匀。开封后在密实瓶中可保存 1 个月。

4.2.4.8　替代物使用液:ρ=2.5 mg/L

取适量替代物贮备液(4.2.4.7),用甲醇(4.2.4.2)进行适当稀释。在密实瓶中 -10℃以下避光保存,可保存 1 周。

4.2.4.9　4- 溴氟苯(BFB)溶液:ρ=25 mg/L

可直接购买有证标准溶液,也可用标准物质制备。在 -10℃以下避光保存或参照制造商的产品说明。使用前应恢复至室温,并摇匀。开封后在密实瓶中可保存 1 个月。

4.2.4.10　石英砂：20～50目

石英砂（图4-26）使用前需要通过检验，确认无目标物或目标物低于方法检出限。

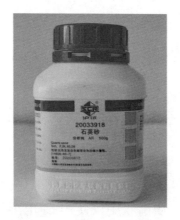

图4-26　20～50目石英砂

4.2.4.11　氦气

纯度≥99.999%（图4-27），经脱氧剂脱氧，分子筛脱水。

图4-27　纯度≥99.999%的氦气

4.2.5 仪器和设备

4.2.5.1 采样器材

铁铲和不锈钢药勺。

4.2.5.2 采样瓶

聚四氟乙烯硅胶衬垫螺旋盖的 60 ml 的广口玻璃瓶。

4.2.5.3 样品瓶

具聚四氟乙烯衬垫螺旋盖的 40 ml 棕色玻璃瓶和无色玻璃瓶。

4.2.5.4 气相色谱 – 质谱联用仪

气相色谱 – 质谱联用仪使用 EI 电离源（图 4-28）。

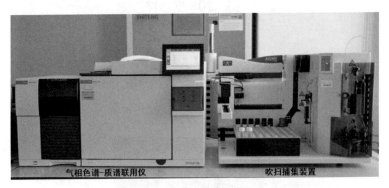

图 4-28　气相色谱 – 质谱联用仪 / 吹扫捕集装置

4.2.5.5 色谱柱

石英毛细管柱，长 30 m，内径 0.25 mm，膜厚 1.4 μm，固定相为 6% 腈丙苯基 /94% 二甲基聚硅氧烷，也可使用其他等效毛细柱。

4.2.5.6 吹扫捕集装置

适用于土壤样品测定。捕集管使用 1/3 Tenax、1/3 硅胶、1/3 活性炭混合吸附剂或其他等效吸附剂。

柱温箱　　　　　　　　色谱柱

图 4-29　分析方法所用色谱柱

4.2.5.7　微量注射器

容量分别为 10 μl、25 μl、100 μl、250 μl、500 μl 和 1 000 μl。

分析方法所用耗材见图 4-30。

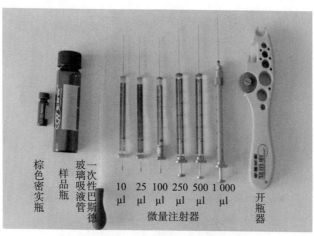

棕色密实瓶　样品瓶　玻璃一次性巴斯德吸液管　　10 μl　25 μl　100 μl　250 μl　500 μl　1 000 μl　开瓶器

微量注射器

图 4-30　分析方法所用耗材

4.2.5.8 天平

天平精度为 0.01 g（图 4-31）。

图 4-31 天平

4.2.5.9 往复式振荡器

振荡频率 150 次 /min，可固定样品瓶。

图 4-32 往复式振荡器

4.2.5.10 棕色密实瓶

2 ml，具聚四氟乙烯衬垫。

4.2.5.11 pH 计

精度为 ±0.05（图 4-33）。

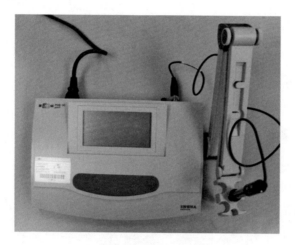

图 4-33 pH 计

4.2.5.12 便携式冷藏箱

容积 20 L，温度为 4℃以下。

4.2.5.13 一次性巴斯德玻璃吸液管

4.2.5.14 一般实验室常用仪器和设备

4.2.6 样品

4.2.6.1 样品的采集

按照《土壤环境监测技术规范》（HJ/T 166—2004）和《海洋监测规范 第 3 部分：样品采集、贮存与运输》（GB 17378.3—2007）的相关要求采集土壤样品和沉积物样品。可在采样现场使用便携式 VOCs 测定仪对样品进行浓度高低的初筛。低浓度样品均应至少采集 3 份平行样品。采样前在样品瓶（4.2.5.3）中放置磁力搅拌子，密封，称重（精确至 0.01 g）。采集约 5 g 样品至样品瓶中，快速清除掉样品瓶螺纹及外表面黏附的样品，立即密封样品瓶。另外采集一份样品于采样瓶（4.2.5.2）中用于高含量样品和含水率的测定。样品采集后置于便携式冷藏箱（4.2.5.12）内带回实验室。

注 8：现场初步筛选挥发性卤代烃含量测定结果大于 200 μg/kg 时，视该样品为高含量样品。

4.2.6.2　样品的保存

样品到达实验室后，应尽快分析。若不能及时分析，应将样品低于 4℃保存，保存期为 14 d。样品存放区域应无有机物干扰（图 4-34）。

图 4-34　样品保存

4.2.6.3 试样的制备

（1）低含量试样的制备

取出样品瓶（4.2.5.3），待恢复至室温后称重（精确至 0.01g）。加入 5.0 ml 实验用水（4.2.4.1）、10 µl 替代物（4.2.4.8）和 10 µl 内标物（4.2.4.6），待测。低含量试样制备流程见图 4-35，低含量试样制备见图 4-36。

图 4-35 低含量试样制备流程

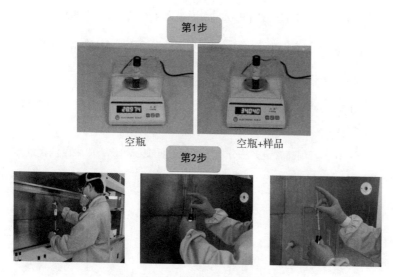

图 4-36 低含量试样制备

（2）高含量试样的制备

实验室内取出采样瓶（4.2.5.2），待恢复至室温后，称取 5 g 样品置于样品瓶（4.2.5.3）中，迅速加入 10.0 ml 甲醇（4.2.4.2），密封，在往复式振荡器（4.2.5.9）上以 150 次 /min 的频率振荡 10 min。静置沉降后，用一次性巴斯德玻璃吸液管（4.2.5.13）移取约 1.0 ml 提取液至 2 ml 棕色密实瓶（4.2.5.10）中，必要时，提取液可进行离心分离。该提取液可置于冷藏箱内 4℃以下保存，保存期为 14 d。

在分析前将提取液恢复至室温后，向样品瓶（4.2.5.3）中加入 5 g 石英砂（4.2.4.10）、5.0 ml 实验用水（4.2.4.1）、10～100 μl 甲醇提取液、10 μl 替代物（4.2.4.8）和 10 μl 内标物（4.2.4.6），立即密封，待测。高含量试样制备流程见图 4-37，高含量试样制备见图 4-38。

注 9：若甲醇提取液中目标化合物浓度较高，可通过加入甲醇进行适当稀释。

注 10：若用高含量方法分析浓度值过低或未检出，应采用低含量方法重新分析样品。

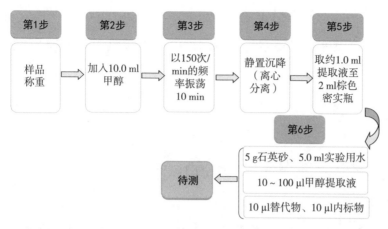

图 4-37　高含量试样制备流程

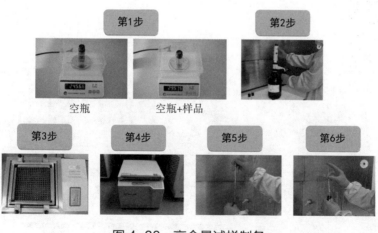

图 4-38　高含量试样制备

4.2.6.4 空白试样的制备

（1）低含量空白试样

以 5 g 石英砂（4.2.4.10）代替样品，按照 4.2.6.3 步骤"（1）"制备低含量空白试样。

（2）高含量空白试样

以 5 g 石英砂（4.2.4.10）代替样品，按照 4.2.6.3 步骤"（2）"制备高含量空白试样。

4.2.6.5 水分的测定

土壤样品含水率的测定（图 4-39）按照 HJ 613 执行，沉积物样品含水率的测定按照 GB 17378.5 执行。

92

样品称重　　　　　　　　　　样品烘干

图 4-39　土壤样品含水率的测定

4.2.7　分析步骤

4.2.7.1　仪器参考条件

（1）吹扫捕集装置参考条件

吹扫流量 40 ml/min，吹扫温度 40℃，吹扫时间 11 min；干吹时间 2 min；脱附温度 180℃，脱附时间 3 min；烘烤温度 200℃，烘烤时间 10 min；传输线温度 110℃。

（2）气相色谱仪参考条件

程序升温：35℃（5 min）$\xrightarrow{5\,℃/min}$ 180℃ $\xrightarrow{20\,℃/min}$ 200℃（5 min）；进样口温度 180℃。

进样方式为分流进样，分流比 20∶1；载气为氦气；接口温度 230℃；柱流量 1.2 ml/min。

（3）质谱仪参考条件

离子化方式为 EI；离子源温度 200℃；传输线温度 230℃；电子加速电压 70 eV；全扫描质量为 35～300 amu。定量方式选择离子（SIM）法，定量离子详见表 4-6。

表4-6 目标物的测定参考参数

序号	目标物中文名称	目标物英文名称	CAS号	类型	定量内标	定量离子	辅助离子
1	二氯二氟甲烷	Dichlorodifluoromethane	75-71-8	目标物	1	85	87
2	氯甲烷	Chloromethane	74-87-3	目标物	1	50	52
3	氯乙烯	Chloroethene	75-01-4	目标物	1	62	64
4	溴甲烷	Bromomethane	74-83-9	目标物	1	94	96
5	氯乙烷	Chloroethane	75-00-3	目标物	1	64	66
6	三氯氟甲烷	Trichlorofluoromethane	75-69-4	目标物	1	101	103
7	1,1-二氯乙烯	1,1-Dichloroethene	75-35-4	目标物	1	96	61,63
8	二氯甲烷-d_2	Dichloromethane-d_2	1665-00-5	替代物	1	51	88
9	二氯甲烷	Dichloromethane	75-09-2	目标物	1	84	49
10	反-1,2-二氯乙烯	trans-1,2-dichloroethene	156-60-5	目标物	1	96	61,98
11	1,1-二氯乙烷	1,1-Dichloroethane	75-34-3	目标物	1	63	65,83
12	2,2-二氯丙烷	2,2-Dichloropropane	594-20-7	目标物	1	77	97
13	顺-1,2-二氯乙烯	cis-1,2-dichloroethene	156-59-2	目标物	1	96	61,63
14	溴氯甲烷	Bromochloromethane	74-97-5	目标物	1	128	49,130

序号	目标物中文名称	目标物英文名称	CAS 号	类型	定量内标	定量离子	辅助离子
15	氯仿	Chloroform	67-66-3	目标物	1	83	85
16	1,1,1-三氯乙烷	1,1,1-Trichloroethane	71-55-6	目标物	1	97	99,61
17	四氯化碳	Carbontetrachloride	56-23-5	目标物	1	119	117
18	1,1-二氯丙烯	1,1-Dichloropropene	563-58-6	目标物	1	110	75,77
19	1,2-二氯乙烷	1,2-Dichloroethane	107-06-2	目标物	1	62	98
20	氟苯	Fluorobenzene	462-06-6	内标物	—	96	—
21	三氯乙烯	Trichloroethylene	79-01-6	目标物	1	95	97,130
22	1,2-二氯丙烷	1,2-Dichloropropane	78-87-5	目标物	1	63	112
23	二溴甲烷	Dibromomethane	74-95-3	目标物	1	93	95,174
24	一溴二氯甲烷	Bromodichloromethane	75-27-4	目标物	1	83	85,127
25	顺-1,3-二氯丙烯	cis-1,3-dichloropropene	10061-01-5	目标物	2	75	110
26	反-1,3-二氯丙烯	trans-1,3-dichloropropene	10061-02-6	目标物	2	75	110
27	1-氯-2-溴丙烷	2-Bromo-1-chloropropane	3017-95-6	内标物	—	77	79
28	1,1,2-三氯乙烷	1,1,2-Trichloroethane	79-00-5	目标物	2	83	97,85

续表

序号	目标物中文名称	目标物英文名称	CAS 号	类型	定量内标	定量离子	辅助离子
29	四氯乙烯	Tetrachloroethylene	127-18-4	目标物	2	164	129,131
30	1,3-二氯丙烷	1,3-Dichloropropane	142-28-9	目标物	2	76	78
31	二溴一氯甲烷	Dibromochloromethane	124-48-1	目标物	2	129	127
32	1,2-二溴乙烷	1,2-Dibromoethane	106-93-4	目标物	2	107	109,188
33	1,1,1,2-四氯乙烷	1,1,1,2-Tetrachloroethane	630-20-6	目标物	2	131	133,119
34	溴仿	Bromoform	75-25-2	目标物	3	173	175,254
35	4-溴氟苯	4-Bromofluorobenzene	460-00-4	内标物	—	95	174,176
36	1,1,2,2,-四氯乙烷	1,1,2,2,-Tetrachloroethane	79-34-5	目标物	3	83	131,85
37	1,2,3-三氯丙烷	1,2,3-Trichloropropane	96-18-4	目标物	3	75	77
38	1,2-二氯苯-d_4	1,2-Dichlorobenzene-d_4	2199-69-1	替代物	3	150	115,78
39	1,2-二溴-3-氯丙烷	1,2-Dibromo-3-chloropropane	96-12-8	目标物	3	75	155,157
40	六氯丁二烯	Hexachlorobutadiene	87-68-3	目标物	3	225	223,227

4.2.7.2　校准

（1）仪器性能检查

每天分析样品前应对气相色谱-质谱仪进行性能检查（图4-40）。取4-溴氟苯（4.2.4.9）溶液1 μl直接进气相色谱分析。得到的4-溴氟苯关键离子丰度应满足表4-7中的规定，否则需对质谱仪和一些参数进行调整或清洗离子源。

目标质量	相对于质量	下限限制%	上限限制%	相对Abn%	原始Abn	结果通过/失败
50	95	15	40	15.6	2 881	通过
75	95	30	60	42.7	7 903	通过
95	95	100	100	100.0	18 488	通过
96	95	5	9	7.4	1 363	通过
173	174	0.00	2	0.0	0	通过
174	95	50	200	106.8	19 736	通过
175	174	5	9	7.1	1 407	通过
176	174	95	101	96.0	18 944	通过
177	176	5	9	6.4	1 211	通过

图4-40　BFB仪器性能检查结果

表4-7　BFB关键离子丰度标准

质荷比（m/z）	离子丰度标准	质荷比（m/z）	离子丰度标准
50	基峰的15%～40%	174	大于基峰的50%
75	基峰的30%～60%	175	174峰的5%～9%
95	基峰，100%相对丰度	176	174峰的95%～101%
96	基峰的5%～9%	177	176峰的5%～9%
173	小于174峰的2%	—	—

（2）校准曲线的绘制

用微量注射器分别移取一定量的标准使用液
（4.2.4.4）和替代物使用液（4.2.4.8）至盛有 5 g 石英
砂（4.2.4.10）、5.0 ml 实验用水（4.2.4.1）的样品瓶
（4.2.5.3）中，配制目标物和替代物含量分别为 5 ng、
10 ng、25 ng、50 ng、100 ng 的标准系列（图 4-41），
并分别加入 10 μl 内标使用液（4.2.4.6），立即密封。

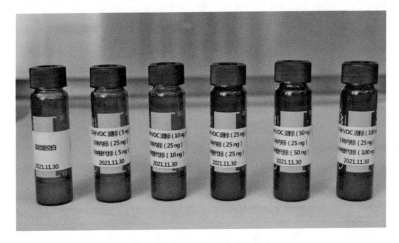

图 4-41　校准曲线系列

按照仪器参考条件（4.2.7.1）依次进样分析，以
目标物定量离子的响应值与内标物定量离子的响应值
的比值为纵坐标，以目标物含量与内标物含量的比值
为横坐标，绘制校准曲线。图 4-42 为在本标准规定的
仪器条件下目标物的色谱图。

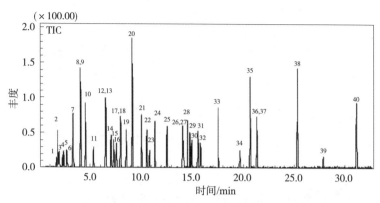

1—二氯二氟甲烷；2—氯甲烷；3—氯乙烯；4—溴甲烷；5—氯乙烷；6—三氯氟甲烷；7—1,1-二氯乙烯；8—二氯甲烷-d_2；9—二氯甲烷；10—反-1,2-二氯乙烯；11—1,1-二氯乙烷；12—2,2-二氯丙烷；13—顺-1,2-二氯乙烯；14—溴氯甲烷；15—氯仿；16—1,1,1-三氯乙烷；17—四氯化碳；18—1,1-二氯丙烯；19—1,2-二氯乙烷；20—氟苯；21—三氯乙烯；22—1,2-二氯丙烷；23—二溴甲烷；24——溴二氯甲烷；25—顺-1,3-二氯丙烯；26—反-1,3-二氯丙烯；27—1-氯-2-溴丙烷；28—1,1,2-三氯乙烷；29—四氯乙烯；30—1,3-二氯丙烷；31—二溴一氯甲烷；32—1,2-二溴乙烷；33—1,1,1,2-四氯乙烷；34—溴仿；35—4-溴氟苯；36—1,1,2,2-四氯乙烷；37—1,2,3-三氯丙烷；38—1,2-二氯苯-d_4；39—1,2-二溴-3-氯丙烷；40—六氯丁二烯

图 4-42 目标化合物的色谱图

①用平均响应因子建立校准曲线

标准系列第 i 点目标物（或替代物）的相对响应因子（RRF_i），按式（4-6）进行计算。

$$RRF_i = \frac{A_i}{A_{ISi}} \times \frac{\rho_{ISi}}{\rho_i} \qquad (4-6)$$

式中：RRF_i——标准系列中第 i 点目标物（或替代物）

的相对响应因子；

A_i——标准系列中第 i 点目标物（或替代物）

定量离子的响应值；

$A_{\mathrm{IS}i}$——标准系列中第 i 点目标物（或替代物）相对应内标定量离子的响应值；

$\rho_{\mathrm{IS}i}$——标准系列中内标的含量，ng；

ρ_i——标准系列中第 i 点目标物（或替代物）的含量，ng。

目标物（或替代物）的平均相对响应因子，按照式（4-7）进行计算。

$$\overline{\mathrm{RRF}} = \frac{\sum\limits_{i=1}^{n}\mathrm{RRF}_i}{n} \tag{4-7}$$

式中：$\overline{\mathrm{RRF}}$——目标物（或替代物）的平均相对响应因子；

RRF_i——标准系列中第 i 点目标物（或替代物）的相对响应因子；

n——标准系列点数。

RRF 的标准偏差（SD），按照式（4-8）进行计算。

$$\mathrm{SD} = \sqrt{\frac{\sum\limits_{i=1}^{n}\left(\mathrm{RRF}_i - \overline{\mathrm{RRF}}\right)^2}{n-1}} \tag{4-8}$$

RRF 的相对标准偏差（RSD），按照式（4-9）进行计算。

$$\mathrm{RSD} = \frac{\mathrm{SD}}{\overline{\mathrm{RRF}}} \times 100\% \tag{4-9}$$

标准系列目标物（或替代物）相对响应因子的相对标准偏差应小于或等于 20%。

②用最小二乘法绘制校准曲线

以目标化合物和相对应内标的响应值比为纵坐标，浓度比为横坐标，用最小二乘法建立校准曲线，标准曲线的相关系数≥0.990。若校准曲线的相关系数小于0.990，也可以采用非线性拟合曲线进行校准，但应至少采用6个浓度点进行校准。

4.2.7.3 样品测定

将制备好的试样（4.2.6.3）按照仪器参考条件（4.2.7.1）进行测定。

4.2.7.4 空白试验

将制备好的空白试样（4.2.6.4）按照仪器参考条件（4.2.7.1）进行测定。

4.2.8 结果计算与表示

4.2.8.1 定性分析

以全扫描方式采集数据，以样品中目标化合物相对保留时间（RRT）、辅助定性离子和定量离子峰面积比（Q）与标准溶液中的变化范围来定性。样品中目标化合物的相对保留时间与校准曲线该化合物的相对保留时间的差值应在 ±0.06 内。样品中目标化合物的辅助定性离子和定量离子峰面积比（$Q_{样品}$）与标准曲线目标化合物的辅助定性离子和定量离子峰面积比（$Q_{标准}$）相对偏差控制在 ±30% 以内。

按式（4-10）计算相对保留时间（RRT）。

$$RRT = \frac{RT_x}{RT_{IS}} \qquad (4\text{-}10)$$

式中：RRT——相对保留时间；

　　　RT_x——目标物的保留时间，min；

　　　RT_{IS}——内标物的保留时间，min。

平均相对保留时间（$\overline{RRT}$）：标准系列中同一目标化合物的相对保留时间平均值。

按式（4-11）计算辅助定性离子和定量离子峰面积比（Q）。

$$Q = \frac{A_q}{A_t} \qquad (4\text{-}11)$$

式中：A_t——定量离子峰面积；

　　　A_q——辅助定性离子峰面积。

4.2.8.2　定量分析

根据目标物和内标定量离子的响应值进行计算。当样品中目标物的定量离子有干扰时，可以使用辅助离子定量，具体见表4-8。

（1）目标物（或替代物）含量 m_1 的计算

①用平均相对响应因子计算

当目标物（或替代物）采用平均相对响应因子进行校准时，目标物的含量 m_1 按式（4-12）进行计算。

$$m_1 = \frac{A_x \times m_{IS}}{A_{IS} \times \overline{RRF}}$$ （4-12）

式中：m_1——目标物（或替代物）的含量，ng；

　　　　A_x——目标物（或替代物）定量离子的响应值；

　　　　m_{IS}——内标物的含量，ng；

　　　　A_{IS}——与目标物（或替代物）相对应内标定量离子的响应值；

　　　　$\overline{RRF}$——目标物（或替代物）的平均相对响应因子。

②用线性或非线性校准曲线计算

当目标物采用线性或非线性校准曲线进行校准时，目标物的含量 m_1 通过相应的校准曲线计算。

（2）土壤样品结果计算

低含量样品中目标物的浓度（μg/kg），按照式（4-13）进行计算。

$$\omega = \frac{m_1}{m \times W_{dm}}$$ （4-13）

式中：ω——样品中目标物的浓度，μg/kg；

m_1——校准曲线上查得的目标物（或替代物）

的含量，ng；

m——采样量（湿重），g；

W_{dm}——样品干物质含量，%。

高含量样品中目标物的浓度（μg/kg），按照式（4-14）进行计算。

$$\omega = \frac{m_1 \times V_c \times f}{V_s \times m \times W_{dm}}$$ （4-14）

式中：ω——样品中目标物的浓度，μg/kg；

m_1——校准曲线上查得的目标物（或替代物）

的含量，ng；

V_c——提取液体积，ml；

m——采样量（湿重），g；

V_s——用于顶空的提取液体积，ml；

W_{dm}——样品干物质含量，%；

f——提取液的稀释倍数。

（3）沉积物样品结果计算

低含量样品中目标物的浓度（μg/kg），按照式（4-15）进行计算。

$$\omega = \frac{m_1}{m \times (1-w)}$$ （4-15）

式中：ω——样品中目标物的浓度，μg/kg；

m_1——校准曲线上查得的目标物（或替代物）

的含量，ng；

m——采样量（湿重），g；

w——样品含水率，%。

高含量样品中目标物的浓度（μg/kg），按照式（4-16）进行计算。

$$\omega = \frac{m_1 \times V_c \times f}{V_s \times m \times (1-w)} \qquad (4-16)$$

式中：ω——样品中目标物的浓度，μg/kg；

m_1——校准曲线上查得的目标物（或替代物）

的含量，ng；

V_c——提取液体积，ml；

m——采样量（湿重），g；

V_s——用于顶空的提取液体积，ml；

w——样品含水率，%；

f——提取液的稀释倍数。

4.2.8.3　结果表示

当测定结果小于 100 μg/kg 时，保留小数点后 1 位；当测定结果大于等于 100 μg/kg 时，保留 3 位有效数字。

4.2.9　精密度和准确度

4.2.9.1　精密度

6家实验室分别对 0.4 μg/kg、2.0 μg/kg、10.0 μg/kg 的样品采用吹扫捕集 / 气相色谱－质谱法进行了测定，实验室内相对标准偏差分别为 5.2%～16%、1.1%～14%、0.9%～14%，实验室间相对标准偏差为 4.5%～14%、1.8%～12%、4.3%～11%，重复性限分别为 0.1～0.2 μg/kg、0.4～0.6 μg/kg、0.9～2.0 μg/kg，再现性限分别为 0.1～0.2 μg/kg、0.5～0.8 μg/kg、1.6～3.2 μg/kg。

4.2.9.2　准确度

6家实验室分别对土壤和沉积物实际样品采用吹扫捕集 / 气相色谱－质谱法进行加标分析测定，加标浓度为 1.0 μg/kg 时，加标回收率范围分别为 82.0%～117%、79.0%～110%。

精密度和准确度结果见表 4-8。

4.2.10　质量保证和质量控制

4.2.10.1　仪器性能检查

每 24 h 需进行仪器性能检查，得到的 BFB 的关键离子和丰度必须全部满足表 4-8 的要求。

表4-8 方法的精密度和准确度

名称	总平均值/（μg/kg）	实验室内相对标准偏差/%	实验室间相对标准偏差/%	重复性限 r/（μg/kg）	再现性限 R/（μg/kg）	土壤加标回收率（$\bar{P} \pm 2S_{\bar{P}}$）/%	沉积物加标回收率（$\bar{P} \pm 2S_{\bar{P}}$）/%
二氯二氟甲烷	0.39	8.6~14	6.3	0.11	0.12	97.0±14	92.0±11
	1.93	8.7~14	6.0	0.56	0.60		
	9.57	1.7~11	5.4	1.35	1.91		
氯甲烷	0.43	6.8~13	12	0.12	0.18	103±14	91.0±3
	1.97	7.4~12	4.7	0.53	0.55		
	9.75	2.3~6.4	6.8	1.16	2.13		
氯乙烯	0.39	7.4~11	5.6	0.09	0.11	107±14	95.0±12
	1.89	6.1~12	6.6	0.51	0.58		
	9.17	2.6~9.9	8.2	1.43	2.47		
溴甲烷	0.38	7.9~13	4.5	0.11	0.11	102±17	90±13
	1.89	5.9~11	8.6	0.42	0.60		
	9.49	1.4~14	6.5	1.93	2.47		

名称	总平均值/(μg/kg)	实验室内相对标准偏差/%	实验室间相对标准偏差/%	重复性限 r/(μg/kg)	再现性限 R/(μg/kg)	土壤加标回收率 $(\bar{P}\pm2S_{\bar{P}})$/%	沉积物加标回收率 $(\bar{P}\pm2S_{\bar{P}})$/%
氯乙烷	0.42	8.1~13	11	0.12	0.17		
	1.92	5.4~11	6.7	0.40	0.52	107±16	93.0±18
	9.65	1.3~11	6.8	1.53	2.31		
三氯氟甲烷	0.38	6.9~14	8.5	0.11	0.13		
	1.93	6.2~14	5.0	0.46	0.50	94.0±9	93.0±6
	9.1	1.4~12	8.6	1.45	2.57		
1,1-二氯乙烯	0.38	9.3~13	8.5	0.11	0.14		
	1.91	5.6~13	2.5	0.52	0.55	92.0±23	95.0±13
	9.31	1.9~8.4	9.5	1.26	2.74		
二氯甲烷-d_2	0.38	4.8~6.7	4.4	0.06	0.07		
	2.01	2.2~8.3	2.8	0.32	0.33	95.0±8	95.0±8
	10.37	3.0~9.3	3.1	1.60	1.72		

续表

名称	总平均值/(μg/kg)	实验室内相对标准偏差/%	实验室间相对标准偏差/%	重复性限 r/(μg/kg)	再现性限 R/(μg/kg)	土壤加标回收率 ($\bar{P} \pm 2S_{\bar{P}}$)/%	沉积物加标回收率 ($\bar{P} \pm 2S_{\bar{P}}$)/%
二氯甲烷	0.46	7.6~15	5.7	0.15	0.15		
	2.06	6.2~15	3.8	0.50	0.51	96.0±9	98.0±21
	10.32	1.8~8.8	5.3	1.58	2.09		
反-1,2-二氯乙烯	0.39	8.0~11	8.8	0.10	0.13		
	1.91	5.7~12	2.7	0.49	0.51	101±9	90.0±9
	9.11	2.0~11	6.8	1.33	2.12		
1,1-二氯乙烷	0.39	7.9~12	5.8	0.11	0.12		
	1.85	4.1~11	6.1	0.40	0.49	93.0±23	90.0±8
	9.56	0.9~6.8	4.3	1.12	1.55		
2,2-二氯丙烷	0.42	8.7~15	12	0.14	0.19		
	1.87	4.4~11	8.3	0.41	0.58	100±14	94.0±16
	9.38	0.9~8.7	11	1.30	3.13		

土壤挥发性有机物监测技术图文解读
TURANG HUIFAXING YOUJIWU JIANCE JISHU TUWEN JIEDU

名称	总平均值/（µg/kg）	实验室内相对标准偏差/%	实验室间相对标准偏差/%	重复性限 r/（µg/kg）	再现性限 R/（µg/kg）	土壤加标回收率（$\bar{P} \pm 2S_{\bar{p}}$）/%	沉积物加标回收率（$\bar{P} \pm 2S_{\bar{p}}$）/%
顺-1,2-二氯乙烯	0.37	8.6~12	7.2	0.10	0.12	108±14	90.0±7
	1.8	5.1~13	6.4	0.45	0.52		
	8.8	1.0~6.8	8.5	1.02	2.29		
溴氯甲烷	0.38	7.1~15	7.7	0.11	0.13	104±21	91.0±13
	1.85	2.2~12	9.7	0.46	0.65		
	9.43	1.4~8.4	8.0	1.27	2.41		
氯仿	0.42	7.6~15	9.8	0.13	0.17	100±16	94.0±17
	1.9	4.8~12	6.6	0.47	0.56		
	9.54	1.4~11	7.3	1.63	2.46		
1,1,1-三氯乙烷	0.37	7.3~14	9.4	0.11	0.14	104±24	88.0±10
	1.81	1.1~13	11	0.44	0.69		
	9.16	1.6~7.8	6.5	1.39	2.09		

名称	总平均值/ （μg/kg）	实验室内 相对标准 偏差/%	实验室间 相对标准 偏差/%	重复性限 r/ （μg/kg）	再现性限 R/ （μg/kg）	土壤加标 回收率 （$\bar{P} \pm 2S_{\bar{P}}$）/%	沉积物加标 回收率 （$\bar{P} \pm 2S_{\bar{P}}$）/%
1,1-二氯丙烯	0.39	8.8~12	6.5	0.11	0.12	97.0±12	89.0±12
	1.87	5.8~11	9.1	0.44	0.62		
	9.46	1.5~12	7.2	1.73	2.47		
四氯化碳	0.43	7.2~14	13	0.13	0.19	103±24	93.0±7
	1.93	6.5~9.8	12	0.45	0.74		
	9.66	1.2~7.5	7.6	1.02	2.25		
1,2-二氯乙烷	0.38	8.2~12	6.2	0.10	0.11	101±11	93.0±7
	1.83	5.4~12	9.5	0.46	0.64		
	9.11	1.6~6.8	5.3	1.00	1.62		
三氯乙烯	0.38	6.8~13	7.5	0.10	0.12	98.0±22	92.0±15
	1.91	6.4~13	5.8	0.52	0.57		
	9.64	1.3~12	5.2	1.42	1.90		

续表

名称	总平均值/（μg/kg）	实验室内相对标准偏差 /%	实验室间相对标准偏差 /%	重复性限 r/（μg/kg）	再现性限 R/（μg/kg）	土壤加标回收率（$\bar{P}\pm2S_{\bar{P}}$）/%	沉积物加标回收率（$\bar{P}\pm2S_{\bar{P}}$）/%
1,2-二氯丙烷	0.43	7.6~14	13	0.13	0.19	97.0±11	93.0±14
	1.97	4.7~12	6.5	0.51	0.59		
	9.7	1.3~8.4	7.4	1.29	2.34		
二溴甲烷	0.38	8.2~13	7.4	0.11	0.13	100±20	91.0±11
	1.84	3.4~13	6.6	0.48	0.56		
	9.06	1.4~11	6.7	1.32	2.08		
一溴二氯甲烷	0.38	7.9~14	5.4	0.12	0.13	95.0±14	92.0±15
	1.9	7.9~12	1.8	0.50	0.54		
	9.44	1.5~11	6.2	1.59	2.18		
顺-1,3-二氯丙烯	0.42	9.3~15	11	0.15	0.18	101±12	92.0±7
	2.01	5.5~11	2.6	0.46	0.48		
	9.54	1.5~9.3	7.8	1.32	2.40		

名称	总平均值 /（μg/kg）	实验室内相对标准偏差 /%	实验室间相对标准偏差 /%	重复性限 r/（μg/kg）	再现性限 R/（μg/kg）	土壤加标回收率（$\bar{P} \pm 2S_{\bar{P}}$）/%	沉积物加标回收率（$\bar{P} \pm 2S_{\bar{P}}$）/%
反-1,3-二氯丙烯	0.38	5.5~13	5.9	0.10	0.11	99.0±14	93.0±9
	1.87	6.1~12	4.3	0.46	0.47		
	9.01	1.6~8.7	6.7	1.29	2.05		
1-氯-2-溴丙烷	0.38	8.4~14	5.6	0.11	0.12	102±9	97.0±9
	1.93	6.2~12	5.2	0.48	0.52		
	9.56	1.5~12	5.5	1.45	1.98		
1,1,2-三氯乙烷	0.43	8.0~12	11	0.12	0.17	106±15	93.0±19
	1.99	6.9~11	6.5	0.49	0.58		
	9.58	1.4~6.2	9.3	1.14	2.70		
四氯乙烯	0.37	8.6~11	7.9	0.10	0.12	98.0±18	92.0±10
	1.87	6.2~12	5.7	0.49	0.54		
	9.09	1.5~6.9	6.3	1.13	1.91		

续表

名称	总平均值/（μg/kg）	实验室内相对标准偏差/%	实验室间相对标准偏差/%	重复性限 r/（μg/kg）	再现性限 R/（μg/kg）	土壤加标回收率（$\bar{P}\pm2S_{\bar{P}}$）/%	沉积物加标回收率（$\bar{P}\pm2S_{\bar{P}}$）/%
1,3-二氯丙烷	0.37	8.6~11	7.9	0.10	0.12		
	1.87	6.2~12	5.7	0.49	0.54	98.0±18	92.0±10
	9.09	1.5~6.9	6.3	1.13	1.91		
二溴一氯甲烷	0.37	9.5~13	4.8	0.12	0.12		
	1.89	7.1~12	3.9	0.54	0.54	100±29	90.0±13
	9.39	2.3~13	8.1	1.78	2.67		
1,2-二溴乙烷	0.41	5.2~16	9.1	0.14	0.16		
	1.99	6.2~12	4.4	0.51	0.53	100±21	95.0±15
	9.67	1.5~6.0	7.3	0.85	2.13		
1,1,1,2-四氯乙烷	0.37	8.0~12	6.2	0.10	0.11		
	1.85	5.3~12	5.3	0.47	0.51	97.0±21	89.0±13
	8.9	2.4~11	8.0	1.40	2.38		

续表

名称	总平均值/ （μg/kg）	实验室内 相对标准 偏差/%	实验室间 相对标准 偏差/%	重复性限 r/ （μg/kg）	再现性限 R/ （μg/kg）	土壤加标 回收率 （$\bar{P} \pm 2S_{\bar{P}}$）/%	沉积物加标 回收率 （$\bar{P} \pm 2S_{\bar{P}}$）/%
溴仿	0.38	9.0~13	7.6	0.12	0.13	91.0±19	92.0±11
	1.9	6.0~12	7.2	0.43	0.55		
	9.53	1.1~8.3	6.4	1.24	2.05		
1,1,1,2-四氯乙烷	0.42	7.5~14	14	0.13	0.20	102±15	96.0±16
	1.96	4.3~11	8.2	0.42	0.59		
	9.56	1.1~7.4	9.6	1.18	2.79		
1,2,3-三氯丙烷	0.38	7.9~12	5.0	0.10	0.11	98.0±27	93.0±11
	1.85	6.2~13	6.7	0.47	0.55		
	9.01	1.2~8.2	7.6	1.26	2.23		
1,2-二氯苯-d_4	0.41	3.2~9.6	5.4	0.09	0.11	96.0±8	96.0±6
	2.00	3.4~7.3	5.9	0.28	0.42		
	10.45	2.2~8.3	4.9	1.70	2.10		

续表

名称	总平均值/ (μg/kg)	实验室内相对标准偏差 /%	实验室间相对标准偏差 /%	重复性限 r/ (μg/kg)	再现性限 R/ (μg/kg)	土壤加标回收率 ($\bar{P} \pm 2S_{\bar{P}}$) /%	沉积物加标回收率 ($\bar{P} \pm 2S_{\bar{P}}$) /%
1,2-二溴-3-氯丙烷	0.37	7.6～12	5.5	0.10	0.11	99.0 ± 12	90.0 ± 10
	1.89	5.4～12	5.9	0.51	0.56		
	9.51	1.4～11	5.9	1.30	1.96		
六氯丁二烯	0.43	7.7～15	12	0.14	0.18	105 ± 14	91.0 ± 3
	1.95	6.1～13	6.3	0.54	0.60		
	9.65	1.4～7.6	7.0	1.15	2.17		

4.2.10.2 校准

校准曲线至少需 5 个浓度系列，目标化合物相对响应因子的 RSD 应小于等于 20%。或者校准曲线的相关系数大于等于 0.990，否则应查找原因或重新建立校准曲线。每 12 h 分析 1 次校准曲线中间浓度点，中间浓度点测定值与校准曲线相应点浓度的相对偏差不超过 30%。

4.2.10.3 空白

每批样品应至少测定一个全程序空白样品，目标物浓度应小于方法检出限。如果目标物有检出，需查找原因。

4.2.10.4 平行样的测定

每批样品（最多 20 个）应选择一个样品进行平行分析。当测定结果为 10 倍检出限以内（包括 10 倍检出限），平行双样测定结果的相对偏差应≤50%，当测定结果大于 10 倍检出限，平行双样测定结果的相对偏差应≥20%。

4.2.10.5 回收率的测定

每批样品至少做一次加标回收率测定，样品中目标物和替代物加标回收率应为 70%～130%，否则重复分析样品。若重复测定替代物回收率仍不合格，说明样品存在基体效应。

应分析一个空白加标样品。

4.2.11　废物处理

实验产生的含挥发性有机物的废物应集中保管（图 4-43），送具有资质的单位集中处理。

图 4-43　危险废物暂存

4.2.12　注意事项

①为了防止采样工具污染，采样工具在使用前要用甲醇、纯净水充分洗净。在采集其他样品时，要注意更换采样工具和清洗采样工具，以防止交叉污染。

②在样品的保存和运输过程中，要避免沾污，样品应放在便携式冷藏箱中贮存。

③分析过程中必要的器具、材料、药品等应事先分析测定有无干扰目标物测定的物质。器具、材料可

采用甲醇清洗，尽可能除去干扰物质。

④高含量样品分析后，应分析空白样品，直至空白样品中目标物的浓度小于检出限时，才可以进行后续分析。

4.3 土壤和沉积物 挥发性有机物的测定 顶空 / 气相色谱 - 质谱法（HJ 642—2013）

警告：试验中所使用的内标、替代物和标准溶液为易挥发的有毒化合物，其溶液配制过程应在通风柜中进行操作；应按规定要求佩戴防护器具，避免接触皮肤和衣服。

4.3.1 适用范围

本标准规定了测定土壤和沉积物中挥发性有机物的顶空 / 气相色谱 - 质谱法。

本标准适用于土壤和沉积物中 36 种挥发性有机物的测定。若通过验证，本标准也可适用于其他挥发性有机物的测定。

4.3.2 检出限

当样品量为 2 g 时，36 种目标物的方法检出限为 0.8～4 µg/kg，测定下限为 3.2～14 µg/kg，详见表 4-9。

表 4-9 36 种目标物的检出限和测定下限

单位：μg/kg

序号	目标物中文名称	目标物英文名称	CAS 号	检出限	测定下限
1	氯乙烯	Chloroethene	75-01-4	1.5	6.0
2	1,1-二氯乙烯	1,1-Dichloroethene	75-35-4	0.8	3.2
3	二氯甲烷	Dichloromethane	75-09-2	2.6	10.4
4	反-1,2-二氯乙烯	Trans-1,2-dichloroethene	156-60-5	0.9	3.6
5	1,1-二氯乙烷	1,1-Dichloroethane	75-34-3	1.6	6.4
6	顺-1,2-二氯乙烯	Cis-1,2-dichloroethene	156-59-2	0.9	3.6
7	氯仿	Chloroform	67-66-3	1.5	6.0
8	1,1,1-三氯乙烷	1,1,1-Trichloroethane	71-55-6	1.1	4.4
9	四氯化碳	Carbon tetrachloride	56-23-5	2.1	8.4
10	1,2-二氯乙烷	1,2-Dichloroethane	107-06-2	1.3	5.2
11	苯	Benzene	71-43-2	1.6	6.4
12	三氯乙烯	Trichloroethylene	79-01-6	0.9	3.6
13	1,2-二氯丙烷	1,2-Dichloropropane	78-87-5	1.9	7.6

序号	目标物中文名称	目标物英文名称	CAS 号	检出限	测定下限
14	一溴二氯甲烷	Bromodichloromethane	75-27-4	1.1	4.4
15	甲苯	Toluene	108-88-3	2.0	7.9
16	1,1,2-三氯乙烷	1,1,2-Trichloroethane	79-00-5	1.4	5.6
17	四氯乙烯	Tetrachloroethylene	127-18-4	0.8	3.2
18	二溴氯甲烷	Dibromochloromethane	124-48-1	0.9	3.6
19	1,2-二溴乙烷	1,2-Dibromoethane	106-93-4	1.5	6.0
20	氯苯	Chlorobenzene	108-90-7	1.1	4.4
21	1,1,1,2-四氯乙烷	1,1,1,2-Tetrachloroethane	630-20-6	1.0	4.0
22	乙苯	Ethylbenzene	100-41-4	1.2	4.8
23	间-二甲苯	m-xylene	108-38-3	3.6	14.4
24	对-二甲苯	p-xylene	106-42-3	3.6	14.4
25	邻二甲苯	o-xylene	95-47-6	1.3	5.2
26	苯乙烯	Styrene	100-42-5	1.6	6.4

续表

序号	目标物中文名称	目标物英文名称	CAS 号	检出限	测定下限
27	溴仿	Bromoform	75-25-2	1.7	6.8
28	1,1,2,2-四氯乙烷	1,1,2,2-Tetrachloroethane	79-34-5	1.0	4.0
29	1,2,3-三氯丙烷	1,2,3-Trichloropopropane	96-18-4	1.0	4.0
30	1,3,5-三甲基苯	1,3,5-Trimethylbenzene	108-67-8	1.5	6.0
31	1,2,4-三甲基苯	1,2,4-Trimethylbenzene	95-63-6	1.5	6.0
32	1,3-二氯苯	1,3-Dichlorobenzene	541-73-1	1.1	4.4
33	1,4-二氯苯	1,4-Dichlorobenzene	106-46-7	1.2	4.8
34	1,2-二氯苯	1,2-Dichlorobenzene	95-50-1	1.0	4.0
35	1,2,4-三氯苯	1,2,4-Trichlorobenzene	120-82-1	0.8	3.2
36	六氯丁二烯	Hexachlorobutadiene	87-68-3	1.0	4.0

4.3.3 方法原理

在一定的温度条件下，顶空瓶内样品中挥发性组分向液上空间挥发，产生蒸气压，在气、液、固三相达到热力学动态平衡。气相中的挥发性有机物进入气相色谱分离后，用质谱仪进行检测。通过与标准物质保留时间和质谱图相比较进行定性，内标法定量。方法流程见图4-44。

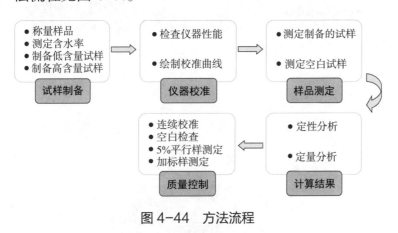

图4-44 方法流程

4.3.4 试剂和材料

4.3.4.1 实验用水

二次蒸馏水或通过纯水设备制备的水（图4-45）。使用前需经过空白检验，确认在目标物的保留时间区间内没有干扰色谱峰出现或其中的目标物浓度低于方法的检出限。

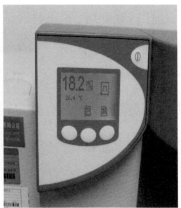

图 4-45　实验室纯水设备

4.3.4.2　甲醇（CH₃OH）

色谱纯级（图 4-46），使用前需通过检验，确认无目标化合物或目标化合物浓度低于方法检出限。

图 4-46　色谱级甲醇

4.3.4.3 氯化钠（NaCl）：优级纯

在马弗炉 400℃灼烧 4 h，置于干燥器中冷却至室温（图 4-47），转移至磨口玻璃瓶中保存。

图 4-47 马弗炉和干燥器

4.3.4.4 磷酸（H₃PO₄）：优级纯

4.3.4.5 基体改性剂

量取 500 ml 实验用水（4.3.4.1），滴加几滴磷酸（4.3.4.4）调节 pH≤2，加入 180 g 氯化钠（4.3.4.3），溶解并混匀（图 4-48）。于 4℃下保存，可保存 6 个月。

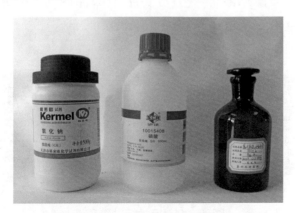

图 4-48 氯化钠、磷酸及基体改性剂

4.3.4.6　标准贮备液：ρ=1 000～5 000 mg/L

可直接购买有证标准溶液（图 4-49），也可用标准物质配制。

36 种 VOCs 混标　3 种内标　2 种替代物　　　　4- 溴氟苯（BFB）溶液

图 4-49　相关标准溶液

4.3.4.7　标准使用液：ρ=10～100 mg/L

易挥发的目标物如二氧甲烷、反 -1,2- 二氯乙烯、1,2- 二氯乙烷、顺 -1,2- 二氯乙烯和氯乙烯等标准中间使用液需单独配制，保存期通常为 1 周，其他目标物的标准使用液保存于密实瓶中保存期为 1 个月，或参照制造商说明配制（图 4-50）。

图 4-50　相关标准使用液

4.3.4.8　内标贮备液：ρ=2 000 mg/L

选用氟苯、氯苯 -d_5 和 1,4- 二氯苯 -d_4 作为内标。可直接购买有证标准溶液。

4.3.4.9　内标使用液：ρ=250 mg/L

取适量内标贮备液（4.3.4.8），用甲醇（4.3.4.2）进行适当稀释。在密实瓶中 -10℃以下避光保存。

4.3.4.10　替代物标准溶液：ρ=250 mg/L

选用甲苯 -d_8 和 4- 溴氟苯作为替代物。可直接购买有证标准溶液。

4.3.4.11　4- 溴氟苯（BFB）溶液：ρ=25 mg/L

可直接购买有证标准溶液，也可用高浓度标准溶液配制。

127

4.3.4.12　石英砂：20～50 目

石英砂（图 4-51）使用前需通过检验，确认无目标化合物或目标化合物浓度低于方法检出限。

4.3.4.13　载气

高纯氦气，纯度≥99.999%（图 4-52），经脱氧剂脱氧、分子筛脱水。

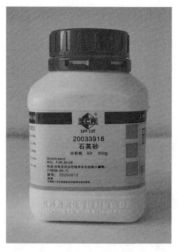 

图 4-51　20～50 目石英砂　图 4-52　纯度≥99.999% 的氦气

注 11：以上所有标准溶液均以甲醇为溶剂，配制或开封后的标准溶液应置于密实瓶中，4℃以下避光保存，保存期一般为 30 d。使用前应恢复至室温、混匀。

4.3.5　仪器和设备

4.3.5.1　气相色谱仪

具有毛细管分流 / 不分流进样口，可程序升温。

4.3.5.2　质谱仪

具 70 eV 的电子轰击（EI）电离源，具 NIST 质语图库、手动 / 自动调谐、数据采集、定量分析及谱库检索等功能。

顶空 / 气相色谱 - 质谱联用仪见图 4-53。

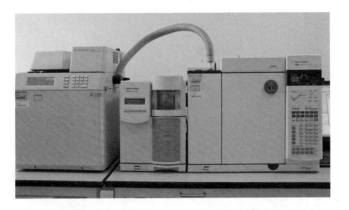

图 4-53 顶空 / 气相色谱 – 质谱联用仪

4.3.5.3 毛细管柱

60 m × 0.25 mm；膜厚 1.4 μm（6% 腈丙苯基、94% 二甲基聚硅氧烷固定液），也可使用其他等效毛细管柱（图 4-54）。

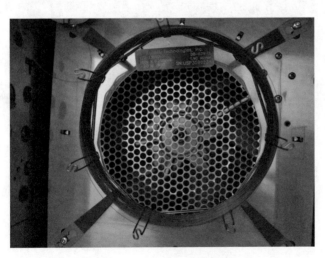

图 4-54 相关毛细管柱

4.3.5.4 顶空进样器

带顶空瓶、密封垫（聚四氟乙烯 / 硅氧烷或聚四氟乙烯 / 丁基橡胶）、瓶盖（螺旋盖或一次使用的压盖）。

4.3.5.5 往复式振荡器

往复式振荡器（图4-55）振荡频率150次 /min，可固定顶空瓶。

图 4-55 往复式振荡器

4.3.5.6 超纯水制备仪或亚沸蒸馏器

4.3.5.7 天平

精度为 0.01 g 的天平（图 4-56）。

图 4-56　天平

4.3.5.8　微量注射器

容量分别为 5 μl、10 μl、25 μl、100 μl、500 μl、1 000 μl。

分析方法所用耗材见图 4-57。

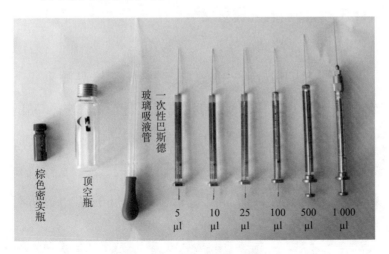

图 4-57　分析方法所用耗材

4.3.5.9 采样器材

铁铲和不锈钢药勺。

4.3.5.10 便携式冷藏箱

容积 20 L，温度 4℃以下。

4.3.5.11 棕色密实瓶

2 ml，具聚四氟乙烯衬垫和实心螺旋盖。

4.3.5.12 采样瓶

具聚四氟乙烯–硅胶衬垫螺旋盖的 60 ml 的螺纹棕色广口玻璃瓶。

4.3.5.13 一次性巴斯德玻璃吸液管

4.3.5.14 一般实验室常用仪器和设备

4.3.6 样品

4.3.6.1 样品的采集与保存

（1）样品采集

按照 HJ/T 166 的相关规定进行土壤样品的采集和保存。按照 GB 17378.3 的相关规定进行沉积物样品的采集和保存。采集样品的工具应用金属制品，用前应经过净化处理。可在采样现场使用用于挥发性有机物测定的便携式仪器对样品进行浓度高低的初筛。所有样品均应至少采集 3 份平行样品。

用铁铲或药勺将样品尽快采集到样品瓶（4.3.5.12）

中，并尽量填满。快速清除掉样品瓶螺纹及外表面上黏附的样品，密封样品瓶。置于便携式冷藏箱内，带回实验室。

注 12：当样品中挥发性有机物浓度大于 1 000 μg/kg 时，视该样品为高含量样品。

注 13：样品采集时切勿搅动土壤及沉积物，以免造成土壤及沉积物中有机物的挥发。

（2）样品保存

样品送入实验室后应尽快分析。若不能立即分析，在 4℃以下密封保存，保存期限不超过 7 d。样品存放区域应无有机物干扰（图 4-58）。

图 4-58　样品保存

4.3.6.2　试样的制备

（1）低含量试样

实验室内取出样品瓶，待恢复至室温后，称取 2 g 样品置于顶空瓶中，迅速向顶空瓶中加入 10 ml 基体改进剂（4.3.4.5）、1.0 μl 替代物（4.3.4.10）和 2.0 μl

内标（4.3.4.9），立即密封，在振荡器上以 150 次 /min 的频率振荡 10 min，待测。低含量试样制备流程见图 4-59，低含量试样制备见图 4-60。

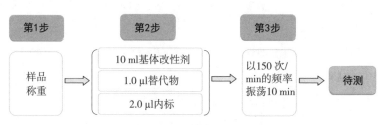

图 4-59　低含量试样制备流程

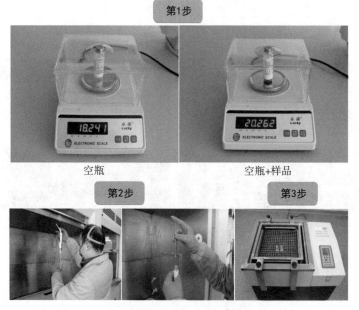

图 4-60　低含量试样制备

（2）高含量试样

当现场初步筛选挥发性有机物为高含量或低含量

测定结果大于 1 000 μg/kg 时应视为高含量试样。高含量试样制备如下：取出用于高含量样品测试的样品瓶，使其恢复至室温。称取 2 g 样品置于顶空瓶中，迅速加入 10 ml 甲醇（4.3.4.2），密封，在振荡器上以 150 次/min 的频率振荡 10 min。静置沉降后，用一次性巴斯德玻璃吸液管移取约 1 ml 提取液至 2 ml 棕色玻璃瓶中，必要时，提取液可进行离心分离。该提取液可置于冷藏箱内 4℃下保存，保存期为 14 d。

在分析之前将提取液恢复至室温后，向空的顶空瓶中加入 2 g 石英砂（4.3.4.12）、10 ml 基体改性剂（4.3.4.5）和 10～100 μl 甲醇提取液。加入 2.0 μl 内标（4.3.4.9）和替代物（4.3.4.10），立即密封，在振荡器上以 150 次/min 的频率振荡 10 min，待测。高含量试样制备流程见图 4-61，高含量试样制备见图 4-62。

注14：若甲醇提取液中目标化合物浓度较高，可通过加入甲醇进行适当稀释。

注15：若用高含量方法分析浓度值过低或未检出，应采用低含量方法重新分析样品。

135

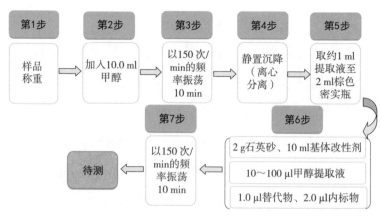

图 4-61　高含量试样制备流程

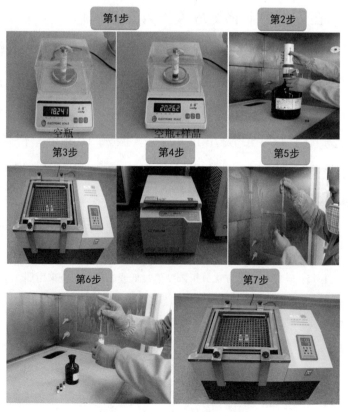

图 4-62　高含量试样制备

4.3.6.3 空白试样的制备

（1）低含量空白试样

以 2 g 石英砂（4.3.4.12）代替样品，按照 4.3.6.2 步骤"（1）"制备低含量空白试样。

（2）高含量空白试样

以 2 g 石英砂（4.3.4.12）代替高含量样品，按照 4.3.6.2 步骤"（2）"制备高含量空白试样。

4.3.6.4 水分的测定

土壤样品含水率的测定按照 HJ 613 执行，沉积物样品含水率的测定按照 GB 17378.5 执行（图 4-63）。

图 4-63 土壤样品含水率的测定

4.3.7 分析步骤

4.3.7.1 仪器参考条件

不同型号顶空进样器、气相色谱仪和质谱仪的最佳工作条件不同，应按照仪器使用说明书进行操作。标准推荐仪器参考条件如下。

（1）顶空进样器参考条件

加热平衡温度 60～85℃；加热平衡时间 50 min；取样针温度 100℃；传输线温度 110℃；传输线为经过去活化处理，内径为 0.32 mm 的石英毛细管柱；压力化平衡时间 1 min；进样时间 0.2 min；拨针时间 0.4 min；顶空瓶压力 23 psi。

（2）气相色谱仪参考条件

程序升温：40℃（保持 2 min）$\xrightarrow{8℃/min}$ 90℃（保持 4 min）$\xrightarrow{6℃/min}$ 200℃（保持 15 min）。

进样口温度 250℃；接口温度 230℃；载气氦气；进样口压力 18 psi。进样方式分流进样，分流比 5∶1。

（3）质谱仪参考条件

扫描范围 35～300 amu；扫描速度 1 sec/scan；离子化能量 70 eV；离子源温度 230℃；四极杆温度 150℃；扫描方式全扫描（SCAN）或选择离子（SIM）扫描。选择离子（SIM）法定量离子详见表 4-10。

表 4-10 目标物的测定参考参数

序号	目标物中文名称	目标物英文名称	CAS 号	定量内标	定量离子	辅助离子
1	氯乙烯	Vinyl chloride	75-01-4	1	62	64
2	1,1-二氯乙烯	1,1-Dichloroethene	75-35-4	1	96	61,63
3	二氯甲烷	Methylene chloride	75-09-2	1	84	86,49
4	反-1,2-二氯乙烯	Trans-1,2-Dichloroethene	156-60-5	1	96	61,98
5	1,1-二氯乙烷	1,1-Dichloroethane	75-34-3	1	63	65,83
6	顺-1,2-二氯乙烯	Cis-1,2-Dichloroethene	156-59-2	1	96	61,98
7	氯仿	Chloroform	67-66-3	1	83	85
8	1,1,1-三氯乙烷	1,1,1-Trichloroethane	71-55-6	1	97	99,61
9	四氯化碳	Carbon tetrachloride	56-23-5	1	117	119
10	1,2-二氯乙烷	1,2-Dichloroethane	107-06-2	1	62	98
11	苯	Benzene	71-43-2	1	78	—
12	氟苯	Fluorobenzene	—	内标 1	96	—
13	三氯乙烯	Trichloroethene	79-01-6	2	95	97,130,132
14	1,2-二氯丙烷	1,2-Dichloropropane	78-87-5	2	63	112

土壤挥发性有机物监测技术图文解读
TURANG HUIFAXING YOUJIWU JIANCE JISHU TUWEN JIEDU

序号	目标物中文名称	目标物英文名称	CAS 号	定量内标	定量离子	辅助离子
15	一溴二氯甲烷	Bromodichloromethane	75-27-4	2	83	85,127
16	甲苯-d_8	Toluene-d_8	—	替代物 1	98	—
17	甲苯	Toluene	108-88-3	2	92	91
18	1,1,2-三氯乙烷	1,1,2-Trichloroethane	79-00-5	2	83	97,85
19	四氯乙烯	Tetrachloroethylene	127-18-4	2	164	129,131,166
20	二溴氯甲烷	Dibromochloromethane	124-48-1	2	129	127
21	1,2-二溴乙烷	1,2-Dibromoethane	106-93-4	2	107	109,188
22	氯苯-d_5	Chlorobenzene-d_5	—	内标 2	117	—
23	氯苯	Chlorobenzene	108-90-7	2	112	77,114
24	1,1,1,2-四氯乙烷	1,1,1,2-Tetrachloroethane	630-20-6	3	131	133,119
25	乙苯	Ethylbenzene	100-41-4	3	91	106
26	间-二甲苯	m-xylene	108-38-3	3	106	91
27	对-二甲苯	p-xylene	106-42-3	3	106	91
28	邻-二甲苯	o-xylene	95-47-6	3	106	91

序号	目标物中文名称	目标物英文名称	CAS 号	定量内标	定量离子	辅助离子
29	苯乙烯	Styrene	100-42-5	3	104	78
30	溴仿	Bromoform	75-25-2	3	173	175,254
31	4-溴氟苯	4-Bromofluorobenzene	—	替代物 2	95	174,176
32	1,1,2,2-四氯乙烷	1,1,2,2-Tetrachloroethane	79-34-5	3	83	131,85
33	1,2,3-三氯丙烷	1,2,3-Trichloropropane	96-18-4	3	75	77
34	1,3,5-三甲基苯	1,3,5-Trimethylbenzene	108-67-8	3	105	120
35	1,2,4-三甲基苯	1,2,4-Trimethylbenzene	95-63-6	3	105	120
36	1,3-二氯苯	1,3-Dichlorobenzene	541-73-1	3	146	111,148
37	1,4-二氯苯-d_4	1,4-Dichlorobenzene-d_4	—	内标 3	152	115,150
38	1,4-二氯苯	1,4-Dichlorobenzene	106-46-7	3	146	111,148
39	1,2-二氯苯	1,2-Dichlorobenzene	95-50-1	3	146	111,148
40	1,2,4-三氯苯	1,2,4-Trichlorobenzene	120-82-1	3	180	182,145
41	六氯丁二烯	Hexachlorobutadiene	87-68-3	3	225	223,227

4.3.7.2 校准

（1）仪器性能检查

在每天分析之前，GC/MS 系统必须进行仪器性能检查（图 4-64）。吸取 2 μl 的 BFB 溶液（4.3.4.11）通过 GC 进样口直接进样，用 GC/MS 进行分析。GC/MS 系统得到的 BFB 关键离子丰度应满足表 4-11 中规定的标准，否则需对质谱仪的一些参数进行调整或清洗离子源。

```
|  目标  |  相对于  |  下限   |  上限   |  相对    |   原始   |   结果   |
|  质量  |  质量   | 限制%  | 限制%  | Abn%  |   Abn   |  通过/失败  |

|   95   |   95   |  100  |  100  | 100.0 |  41 417 |   通过   |
|   96   |   95   |   5   |   9   |  7.6  |   3 132 |   通过   |
|  173   |  174   | 0.00  |   2   |  0.4  |    179  |   通过   |
|  174   |   95   |  50   |  130  | 97.4  |  40 338 |   通过   |
|  175   |  174   |   5   |   9   |  6.9  |   2 785 |   通过   |
|  176   |  174   |  95   |  105  | 97.7  |  39 425 |   通过   |
|  177   |  176   |   5   |  10   |  6.7  |   2 630 |   通过   |
```

图 4-64　BFB 仪器性能检查结果

表 4-11　4- 溴氟苯离子丰度标准

质荷比（m/z）	离子丰度标准	质荷比（m/z）	离子丰度标准
95	基峰，100% 相对丰度	175	质量 174 的 5%～9%
96	质量 95 的 5%～9%	176	质量 174 的 95%～105%
173	小于质量 174 的 2%	177	质量 176 的 5%～10%
174	大于质量 95 的 50%	—	—

（2）校准曲线的绘制

向 5 支顶空瓶中依次加入 2 g 石英砂（4.3.4.12）、10 ml 基体改性剂（4.3.4.5），再向各瓶中分别加入一

定量的标准使用液（4.3.4.7），配制目标化合物浓度
分别为 5 μg/L、10 μg/L、20 μg/L、50 μg/L、100 μg/L
（图 4-65）；再向每个顶空瓶分别加入一定量的替代物
（4.3.4.10），并各加入 2.0 μl 内标使用液（4.3.4.9），立
即密封。校准系列浓度见表 4-12。

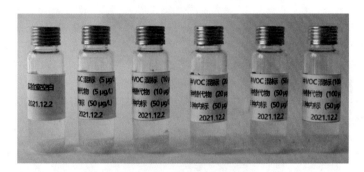

图 4-65　校准曲线系列

143

表 4-12　校准系列浓度

校准系列浓度 /（μg/L）	替代物浓度 /（μg/L）	内标浓度 /（μg/L）
5	5	50
10	10	50
20	20	50
50	50	50
100	100	50

　　将配制好的标准系列样品在振荡器上以 150 次 /min
的频率振荡 10 min，由低浓度到高浓度依次进样分析
（表 4-12），绘制校准曲线或计算平均相对响应因子。
在相关标准规定的条件下，分析测定 36 种挥发性有机
物的标准总离子流图，见图 4-66。

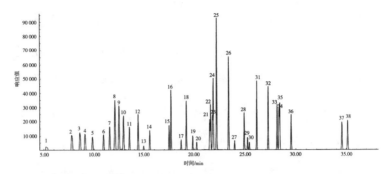

1—氯乙烯；2—1,1-二氯乙烯；3—二氯甲烷；4—反-1,2-二氯乙烯；5—1,2-二氯乙烷；6—顺-1,2-二氯乙烯；7—氯仿；8—1,1,1-三氯乙烷；9—四氯化碳；10—1,2-二氯乙烷+苯；11—氟苯（内标1）；12—三氯乙烯；13—1,2-二氯丙烷；14—溴二氯甲烷；15—甲苯-d_8（替代物1）；16—甲苯；17—1,1,2-三氯乙烷；18—四氯乙烯；19—二溴一氯甲烷；20—1,2-二溴乙烷；21—氯苯-d_5（内标2）；22—氯苯；23—1,1,1,2-四氯乙烷；24—乙苯；25—间-二甲苯+对-二甲苯；26—邻-二甲苯+苯乙烯；27—溴仿；28—4-溴氟苯（替代物2）；29—1,1,2,2-四氯乙烷；30—1,2,3-三氯丙烷；31—1,3,5-三甲基苯；32—1,2,4-三甲基苯；33—1,3-二氯苯；34—1,4-二氯苯-d_4（内标3）；35—1,4-二氯苯；36—1,2-二氯苯；37—1,2,4-三氯苯；38—六氯丁二烯

图 4-66　36 种挥发性有机物标准总离子流图

① 用平均相对响应因子建立校准曲线

标准系列第 i 点中目标物（或替代物）的相对响应因子（RRF_i），按照式（4-17）进行计算。

$$RRF_i = \frac{A_i}{A_{ISi}} \times \frac{\rho_{ISi}}{\rho_i} \qquad (4\text{-}17)$$

式中：RRF_i——标准系列中第 i 点目标物（或替代物）的相对响应因子；

A_i——标准系列中第 i 点目标物（或替代物）

定量离子的响应值；

$A_{\mathrm{IS}i}$——标准系列中第 i 点与目标物（或替代物）

相对应内标定量离子的响应值；

$\rho_{\mathrm{IS}i}$——标准系列中内标的浓度，50 μg/L；

ρ_i——标准系列中第 i 点目标物（或替代物）

的质量浓度，μg/L。

目标物（或替代物）的平均相对响应因子 $\overline{\mathrm{RRF}}$，

按照式（4-18）进行计算。

$$\overline{\mathrm{RRF}} = \frac{\sum_{i=1}^{n}\mathrm{RRF}_i}{n} \qquad (4\text{-}18)$$

式中：$\overline{\mathrm{RRF}}$——目标物（或替代物）的平均相对响应

因子；

RRF_i——标准系列中第 i 点目标物（或替代物）

的相对响应因子；

n——标准系列点数，5。

RRF 的标准偏差，按照式（4-19）进行计算：

$$\mathrm{SD} = \sqrt{\frac{\sum_{i=1}^{n}\left(\mathrm{RRF}_i - \overline{\mathrm{RRF}}\right)^2}{n-1}} \qquad (4\text{-}19)$$

RRF 的相对标准偏差，按照式（4-20）进行计算。

$$RSD = \frac{SD}{\overline{RRF}} \times 100\% \qquad (4\text{-}20)$$

标准系列目标物（或替代物）相对响应因子（RRF）的相对标准偏差（RSD）应小于等于20%。

②用最小二乘法绘制校准曲线

以目标化合物和相对应内标的响应值之比为纵坐标，浓度比为横坐标，用最小二乘法建立校准曲线。若建立的线性校准曲线的相关系数小于0.990时，也可以采用非线性拟合曲线进行校准，曲线相关系数需大于等于0.990。采用非线性校准曲线时，应至少采用6个浓度点进行校准。

4.3.7.3　测定

将制备好的试样（4.3.6.2）置于顶空进样器上，按照仪器参考条件（4.3.7.1）进行测定。

4.3.7.4　空白试验

将制备好的空白试样（4.3.6.3）置于顶空进样器上，按照仪器参考条件（4.3.7.1）进行测定。

4.3.8　结果计算与表示

4.3.8.1　目标化合物的定性分析

目标物以相对保留时间（或保留时间）和与标准物质质谱图比较进行定性。

4.3.8.2 目标物的定量分析

根据目标物和内标第一特征离子的响应值进行计算。当样品中目标物的第一特征离子有干扰时，可以使用第二特征离子定量。

（1）试料中目标物（或替代物）质量浓度 ρ_{ex} 的计算

① 用平均相对响应因子计算

当目标物（或替代物）采用平均相对响应因子进行校准时，试料中目标物的质量浓度 ρ_{ex} 按式（2-21）进行计算。

$$\rho_{ex} = \frac{A_x \times \rho_{IS}}{A_{IS} \times \overline{RRF}} \qquad (2\text{-}21)$$

式中：ρ_{ex}——试料中目标物（或替代物）的质量浓度，$\mu g/L$；

A_x——目标物（或替代物）定量离子的响应值；

A_{IS}——与目标物（或替代物）相对应内标定量离子的响应值；

ρ_{IS}——内标物的浓度，$\mu g/L$；

$\overline{RRF}$——目标物（或替代物）的平均相对响应因子。

② 用线性或非线性校准曲线计算

当目标物采用线性成非线性校准曲线进行校准时，试料中目标物质量浓度 ρ_{ex} 通过相应的校准曲线计算。

（2）低含量样品中挥发性有机物的含量（μg/kg），按照式（2-22）进行计算。

$$\omega = \frac{\rho_{ex} \times 10 \times 100}{m \times (100 - w)} \qquad (2\text{-}22)$$

式中：ω——样品中目标化合物的含量，μg/kg；

　　　ρ_{ex}——根据响应因子或校准曲线计算出目标化合物（或替代物）的浓度，μg/L；

　　　10——基体改性剂体积，ml；

　　　w——样品的含水率，%；

　　　m——样品量（湿重），g。

（3）高含量样品中挥发性有机物的含量（μg/kg），按照式（4-23）进行计算。

$$\omega = \frac{10 \times \rho_{ex} \times V_c \times K \times 100}{m \times (100 - w) \times V_s} \qquad (4\text{-}23)$$

式中：ω——样品中目标化合物的含量，μg/kg；

　　　ρ_{ex}——根据响应因子或校准曲线计算出目标化合物（或替代物）的浓度，μg/L；

　　　10——基体改性剂体积，ml；

V_c——提取液体积，ml；

m——样品量（湿重），g；

V_s——提取液体积，ml；

w——样品的含水率，%；

K——萃取液的稀释比。

注 16：若样品含水率大于 10% 时，提取液体积 V_c 应为甲醇与样品中水的体积之和；若样品含水率小于等于 10%，V_c 为 10ml。

4.3.8.3　结果表示

①当测定结果小于 100 μg/kg 时，保留小数点后 1 位；当测定结果大于等于 100 μg/kg 时保留 3 位有效数字。

②当使用本标准中规定的毛细管柱时，间二甲苯和对二甲苯两峰分不开，它们的含量为两者之和。

4.3.9　精密度和准确度

4.3.9.1　精密度

6 家实验室分别对土壤和沉积物的各两种不同含量水平的统一样品进行了测定。

土壤中挥发性有机物浓度约为 100 μg/kg 和 200 μg/kg 时，实验室内相对标准偏差范围分别为 1.1%～13% 和 1.4%～15%；实验室间相对标准偏差范围分别为 1.8%～14% 和 6.7%～17%；重复性限范围分别为 8.8~19.4 μg/kg 和 32.5~116 μg/kg；再现性限范围分别为 9.4~51.8 μg/kg 和 68.8~188 μg/kg。

沉积物中挥发性有机物浓度约为 100 μg/kg 和 200 μg/kg 时，实验室内相对标准偏差范围分别为 0.7%~15% 和 3.9%~20%；实验室间相对标准偏差范围分别为 4.2%~41% 和 5.1%~21%；重复性限范围分别为 10.8~34.4 μg/kg 和 31.0~88.8 μg/kg；再现性限范围分别为 14.3~196 μg/kg 和 46.0~151 μg/kg。

4.3.9.2 准确度

6 家实验室分别对土壤和沉积物的基体加标样品进行了测定。

土壤样品加标含量为 100 μg/kg 和 250 μg/kg 时，对应 36 种目标物的加标回收率范围为 65.2%~134% 和 73.3%~107%。

沉积物样品加标含量为 100 μg/kg 和 250 μg/kg 时，对应 36 种目标物的加标回收率范围为 70.5%~105% 和 70.6%~106%。

精密度和准确度汇总数据详见表 4-13。

表4-13　方法的精密度和准确度

序号	化合物名称	含量/(μg/kg)		实验室内相对标准偏差/%		实验室间相对标准偏差/%		重复性限 r/(μg/kg)		再现性限 R/(μg/kg)		土壤加标回收率 ($\bar{P}\pm2S_P$)/%	
		土壤	沉积物	土壤	沉积物	土壤	沉积物	土壤	沉积物	土壤	沉积物	土壤	沉积物
1	氯乙烯	101	92.7	1.5~7.2	3.1~6.4	2.0	9.0	9.8	12.9	10.6	26.2	100±3.2	92.6±16.6
		225	193	4.0~8.5	4.0~9.3	14	9.9	40.6	39.1	94.9	64.1	89.9±25.0	77.1±15.2
2	1,1-二氯乙烯	106	91.4	1.1~6.3	3.4~7.4	3.3	12	10.2	13.4	13.6	33.5	106±6.9	91.4±22.2
		221	202	2.8~9.1	5.8~9.9	13	10	41.9	38.7	87.7	67.2	88.5±22.5	80.9±16.3
3	二氯甲烷	107	100	1.9~4.1	5.9~9.0	8.5	19	10.0	21.5	27.0	55.8	65.2±9.8	87.3±42.2
		210	199	5.6~7.3	5.0~9.4	9.4	15	38.8	39.6	65.6	89.3	82.0±17.3	79.2±22.2
4	反-1,2-二氯乙烯	92.0	83.0	3.1~6.8	4.2~8.0	2.4	12	11.7	13.7	12.3	29.8	92.0±4.3	83.0±19.3
		203	187	4.4~9.5	4.3~9.4	11	6.9	39.3	31.3	74.3	46.0	81.0±18.6	74.7±10.2
5	1,1-二氯乙烷	99.2	86.1	4.8~8.0	4.7~8.8	1.8	8.9	8.8	15.7	9.4	25.7	99.0±3.6	85.3±14.2
		219	203	4.5~8.1	5.0~10	13	10	37.2	40.1	87.9	68.7	87.5±23.2	81.0±16.5
6	顺-1,2-二氯乙烯	82.4	81.4	4.1~8.4	3.6~8.2	2.2	11	12.5	13.0	12.5	28.4	82.0±3.5	81.4±18.4
		194	190	5.7~7.8	4.4~6.1	12	11	35.4	40.0	71.8	68.3	77.6±18.3	75.9±16.5

序号	化合物名称	含量/(μg/kg)		实验室内相对标准偏差/%		实验室间相对标准偏差/%		重复性限 r/(μg/kg)		再现性限 R/(μg/kg)		土壤加标回收率 ($\bar{P}\pm 2S_{\bar{p}}$)/%	
		土壤	沉积物	土壤	沉积物	土壤	沉积物	土壤	沉积物	土壤	沉积物	土壤	沉积物
7	氯仿	92.7	87.6	1.7~7.0	5.6~9.9	3.0	10	9.6	18.4	11.7	30.7	84.4±7.2	80.6±15.6
		210	202	4.7~7.8	5.1~14	12	14	35.8	49.7	79.5	89.7	82.7±21.1	79.7±22.4
8	1,1,1-三氯乙烷	112	91.7	1.7~4.7	3.4~7.7	4.4	9.5	10.3	14.8	16.8	27.9	112±9.9	91.7±17.5
		223	208	2.8~9.3	5.6~14	13	8.7	42.9	45.3	90.4	65.6	89.2±23.3	83.2±14.6
9	四氯化碳	132	168	2.4~4.2	5.4~9.4	14	41	12.4	34.4	51.8	196	115±26.7	85.8±68.8
		222	211	2.7~9.8	5.2~15	12	9.1	43.5	46.3	85.8	68.3	87.4±19.9	83.3±15.9
10	1,2-二氯乙烷	74.2	80.1	2.0~12	3.8~9.7	8.4	7.0	16.2	15.8	22.8	21.3	72.9±14.0	77.9±10.0
		190	189	7.5~8.4	5.7~17	12	18	42.0	56.7	73.1	106	75.8±17.8	75.3±26.4
11	苯	89.2	84.8	3.6~6.8	2.7~9.3	4.5	8.6	12.2	14.4	15.9	24.2	89.1±8.0	84.3±14.3
		215	215	3.6~7.4	5.0~9.1	12	9.2	32.6	39.1	80.8	65.8	86.2±21.5	85.9±15.9
12	三氯乙烯	122	94.0	2.0~5.8	2.8~8.4	7.4	11	11.5	15.3	27.3	31.7	122±18.0	93.3±19.5
		240	221	3.0~8.8	4.5~18	14	8.6	49.0	53.2	107	72.1	96.1±27.7	88.4±15.2

续表

序号	化合物名称	含量 /（μg/kg）		实验室内相对标准偏差 /%		实验室间相对标准偏差 /%		重复性限 r/（μg/kg）		再现性限 R/（μg/kg）		土壤加标回收率（$\bar{P}\pm 2S_{\bar{P}}$）/%	
		土壤	沉积物	土壤	沉积物	土壤	沉积物	土壤	沉积物	土壤	沉积物	土壤	沉积物
13	1,2-二氯丙烷	107	87.1	2.0~5.7	3.0~8.6	5.2	6.7	10.4	15.3	18.4	20.9	107±12.3	87.1±11.1
		243	225	4.6~7.5	5.4~15	14	15	44.2	59.6	102	109	97.1±26.7	90.1±26.9
14	一溴二氯甲烷	93.6	87.2	1.8~6.6	3.7~9.0	1.9	7.7	9.3	16.3	9.9	23.4	91.8±5.1	85.2±12.7
		233	221	5.2~7.2	5.1~20	12	16	40.2	72.9	84.7	118	92.9±21.5	88.1±27.7
15	甲苯-d_8	112	104	5.5~10	4.8~8.1	3.7	3.8	21.2	19.4	22.5	20.9	112±8.2	104±7.9
		271	263	2.5~9.0	2.8~11	6.8	2.4	54.8	43.2	71.8	43.2	108±14.7	105±4.8
16	甲苯	107	92.7	2.8~9.1	2.6~8.6	2.2	7.9	14.9	17.2	15.2	23.7	105±4.9	92.2±13.0
		243	235	1.8~8.3	5.4~13	17	11	43.9	49.5	123	86.2	97.0±33.1	94.0±21.0
17	1,1,2-三氯乙烷	82.4	83.4	2.6~6.9	5.6~9.2	7.3	4.2	9.9	19.0	19.1	19.7	81.3±13.1	83.4±6.7
		222	214	5.5~7.4	5.5~14	12	18	41.5	57.0	82.0	120	88.8±20.8	85.4±30.8
18	四氯乙烯	125	93.9	3.1~6.1	0.7~8.9	7.7	10	16.2	14.8	30.7	39.6	125±19.3	93.9±18.8
		240	218	2.4~9.9	4.0~12	15	7.8	52.8	42.3	114	61.3	95.8±29.4	87.4±13.6

土壤挥发性有机物监测技术图文解读
TURANG HUIFAXING YOUJIWU JIANCE JISHU TUWEN JIEDU

154

序号	化合物名称	含量/(μg/kg)		实验室内相对标准偏差/%		实验室间相对标准偏差/%		重复性限 r/(μg/kg)		再现性限 R/(μg/kg)		土壤加标回收率 ($\bar{P} \pm 2S_P$)/%	
		土壤	沉积物	土壤	沉积物	土壤	沉积物	土壤	沉积物	土壤	沉积物	土壤	沉积物
19	二溴一氯甲烷	81.0	86.0	2.2~9.4	3.6~9.6	3.4	7.3	11.2	16.6	12.8	22.4	81.0±5.5	86.0±11.8
		216	212	5.3~7.8	5.3~13	11	15	36.7	51.8	73.8	103	86.3±18.8	85.0±26.2
20	1,2-二溴乙烷	71.3	81.7	2.0~11	3.9~9.1	4.2	6.2	11.4	15.8	13.4	19.6	71.3±6.0	81.7±9.5
		199	199	6.0~8.9	5.4~12	11	14	41.6	45.9	73.8	89.6	79.4±18.1	79.7±22.6
21	氯苯	91.8	85.2	3.5~6.9	2.8~9.2	2.5	7.3	12.4	16.0	13.0	22.4	91.8±4.6	85.2±12.7
		217	219	2.7~6.8	4.4~8.6	11	7.7	32.5	35.6	75.7	57.4	86.7±19.9	87.4±13.5
22	1,1,1,2-四氯乙烷	122	105	1.8~7.2	5.1~7.9	4.6	7.3	13.3	19.3	19.9	27.4	122±11.2	105±15.0
		254	252	3.0~9.3	4.7~12	8.6	13	48.8	53.4	75.8	102	102±17.5	101±25.5
23	乙苯	130	101	3.2~8.6	2.8~9.7	7.0	5.4	16.4	18.9	29.7	22.7	130±18.8	101±10.5
		266	264	2.3~11	4.6~9.0	11	9.2	58.0	49.4	95.0	81.5	106±22.5	106±19.4
24	间-二甲苯	267	211	3.6~8.7	3.2~8.4	7.3	5.8	36.6	34.9	63.7	58.1	134±19.9	106±17.4
25	对-二甲苯	534	521	1.8~11	4.3~8.4	10	7.7	116	88.8	188	139	107±22.2	104±16.1

续表

序号	化合物名称	含量/(μg/kg)		实验室内相对标准偏差/%		实验室间相对标准偏差/%		重复性限 r/(μg/kg)		再现性限 R/(μg/kg)		土壤加标回收率 ($\bar{P} \pm 2S_P$)/%	
		土壤	沉积物	土壤	沉积物	土壤	沉积物	土壤	沉积物	土壤	沉积物	土壤	沉积物
26	邻-二甲苯	127	101	3.7~8.0	3.1~9.3	5.7	6.1	17.3	19.5	25.7	23.4	127±14.4	101±10.8
		258	260	1.4~11	4.3~8.4	9.8	8.6	54.7	45.3	86.7	74.9	103±20.3	104±17.8
27	苯乙烯	118	94.2	3.1~9.9	5.5~9.9	6.6	9.0	17.7	20.4	27.0	29.3	118±15.5	94.2±16.1
		232	237	2.0~7.6	3.9~6.7	8.6	19	38.8	36.1	66.0	130	93.0±15.9	95.0±36.0
28	溴仿	88.9	95.2	4.2~11	6.0~9.7	3.2	5.1	17.5	22.2	17.8	23.6	87.1±9.2	95.0±8.4
		226	231	4.4~11	6.2~13	6.7	13	50.9	56.8	62.8	100	90.4±12.1	92.3±24.4
29	4-溴氟苯	102	101	3.1~6.7	4.6~12	4.1	2.8	12.8	19.2	16.6	19.3	102±8.8	101±5.8
		244	257	3.5~8.9	3.2~5.3	7.6	5.8	48.3	31.9	68.2	50.7	97.7±14.9	103±11.9
30	1,1,2,2-四氯乙烷	88.7	98.7	12~4.2	9.7~5.6	3.0	4.2	17.7	23.0	17.8	23.4	88.0±3.4	98.7±7.4
		227	236	4.6~9.9	6.4~12	9.1	18	49.6	58.2	73.6	131	90.6±16.6	94.4±34.2
31	1,2,3-三氯丙烷	91.6	96.7	4.3~13	4.0~9.8	4.1	5.0	19.4	21.5	20.7	22.8	91.6±7.5	96.7±8.3
		222	228	5.1~10	6.8~12	9.3	16	50.7	58.6	74.2	118	88.8±16.6	91.4±30.1

续表

序号	化合物名称	含量/(μg/kg)		实验室内相对标准偏差/%		实验室间相对标准偏差/%		重复性限 r/(μg/kg)		再现性限 R/(μg/kg)		土壤加标回收率 ($\bar{P} \pm 2S_{\bar{P}}$)/%	
		土壤	沉积物	土壤	沉积物	土壤	沉积物	土壤	沉积物	土壤	沉积物	土壤	沉积物
32	1,3,5-三甲基苯	128	91.9	2.9~7.7	5.5~11	7.1	7.5	16.6	20.4	29.7	25.8	128±18.2	91.9±12.8
		258	255	3.3~11	5.3~9.7	12	7.4	57.8	51.6	102	70.9	103±24.9	102±15.1
33	1,2,4-三甲基苯	129	92.9	3.1~7.8	5.8~10	8.1	7.2	17.7	21.7	33.4	26.4	129±20.8	92.9±12.5
		254	252	3.3~9.7	5.0~9.0	14	8.0	52.3	48.5	107	71.9	102±27.5	101±16.2
34	1,3-二氯苯	101	86.5	3.4~6.7	3.1~9.5	1.9	6.7	13.5	17.3	13.5	20.6	101±3.8	86.5±9.5
		226	225	1.8~8.3	4.3~7.7	12	7.3	40.0	33.7	85.6	55.3	90.3±22.1	90.0±13.1
35	1,4-二氯苯	95.3	86.1	3.2~6.6	2.7~8.8	1.8	7.3	11.5	15.6	11.5	20.7	95.1±3.3	86.1±10.7
		221	220	2.1~7.3	3.6~7.1	12	7.2	35.3	31.0	79.4	52.9	88.4±20.7	88.1±12.8
36	1,2-二氯苯	92.4	86.3	4.3~5.5	3.2~8.3	2.3	7.4	12.1	13.0	12.6	21.4	92.4±4.4	86.3±12.7
		212	221	2.6~7.8	4.4~7.4	12	9.0	36.5	33.7	77.5	63.7	84.6±20.0	88.3±16.0

序号	化合物名称	含量 /（μg/kg）		实验室内相对标准偏差 /%		实验室间相对标准偏差 /%		重复性限 r/（μg/kg）		再现性限 R/（μg/kg）		土壤加标回收率（$\bar{P}\pm 2S_{\bar{P}}$）/%	
		土壤	沉积物	土壤	沉积物	土壤	沉积物	土壤	沉积物	土壤	沉积物	土壤	沉积物
37	1,2,4-三氯苯	101	70.5	4.1~5.9	1.8~7.6	5.3	5.2	14.1	10.8	19.7	14.3	100±10.2	70.5±7.4
		183	179	4.8~9.2	6.2~18	14	9.2	34.9	50.7	80.8	65.3	73.3±21.2	71.6±13.2
38	六氯丁二烯	93.6	75.0	5.0~7.1	11~15	8.6	12	15.7	26.9	26.6	35.4	93.6±16.0	75.0±18.2
		246	224	4.7~15	8.3~19	7.3	21	71.6	76.7	82.5	151	98.4±14.4	89.8±38.2

4.3.10　质量保证和质量控制

4.3.10.1　目标物定性

①当使用相对保留时间定性时，样品中目标物 RRT 与校准曲线中该目标物 RRT 的差值应在 0.06 以内。

②对于全扫描方式，目标化合物在标准质谱图中的丰度高于 30% 的所有离子应在样品质谱图中存在，而且样品质谱图中的相对丰度与标准质谱图中的相对丰度的绝对值偏差应小于 20%。例如，当一个离子在标准质谱图中的相对丰度为 30%，则该离子在样品质谱图中的丰度应为 10%～50%。对于某些化合物，一些特殊的离子（如分子离子峰），如果其相对丰度低于 30%，也应该作为判别化合物的依据。如果实际样品存在明显的背景干扰，则在比较时应扣除背景影响。

③对于 SIM 方式，目标化合物的确认离子应在样品中存在。对于落在保留时间窗口中的每一个化合物，样品中确认离子相对于定量离子的相对丰度与通过最近校准标准获得的相对丰度的绝对值偏差应小于 20%。

4.3.10.2　校准

①校准曲线中部分目标物的最小相对响应因子应大于等于 HJ 642—2013 中规定的限值。所要定量的目

标物 RRF 的 RSD 应小于等于 20%，或者线性、非线性校准曲线相关系数大于 0.99，否则需更换色谱柱或采取其他措施，然后重新绘制校准曲线。当采用最小二乘法绘制线性校准曲线时，将校准曲线最低点的响应值代入曲线计算，目标物的计算结果应为实际值的 70%～130%。

②校准确认标准样品应在仪器性能检查之后进行分析。校准确认标准样品中内标与校准曲线中间点内标比较，保留时间的变化不超过 10 s，定量离子峰面积变化范围为 50%～200%。

校准确认标准样品中监测方案要求测定的目标物，其测定值与加入浓度值的比值为 80%～120%，否则在分析样品前应采取校正措施。若校正措施无效，则应重新绘制校准曲线。

4.3.10.3 样品

①空白试验分析结果应满足以下任一条件的最大者：

- 目标物浓度小于方法检出限；
- 目标物浓度小于相关环保标准限值的 5%；
- 目标物浓度小于样品分析结果的 5%。

若空白试验未满足以上要求，则应采取措施排除污染并重新分析同批样品。

②每批样品至少应采集一个运输空白和全程序空白样品。其分析结果应满足空白试验的控制指标［4.3.10.3 中（1）］，否则需查找原因，排除干扰后重新采集样品分析。

③每批样品分析之前或 24 h 之内，需进行仪器性能检查，测定校准确认标准样品和空白试验样品。

④每批样品（最多 20 个）应选择一个样品进行平行分析或基体加标分析。所有样品中替代物加标回收率均应为 80%～130%，否则应重复分析该样品。若重复测定替代物回收率仍不合格，说明样品存在基体效应。此时应分析一个空白加标样品，其中的目标物回收率应为 80%～120%。

若初步判定样品中含有目标物，则须分析一个平行样品，平行样品中替代物相对偏差应在 25% 以内；若初步判定样品中不含有目标物，则须分析该样品的加标样品，该样品及加标样品中替代物相对偏差应在 25% 以内。

4.3.11 废物处理

实验产生的含挥发性有机物的废物应集中保管（图 4-67），委托有资质的相关单位进行处理。

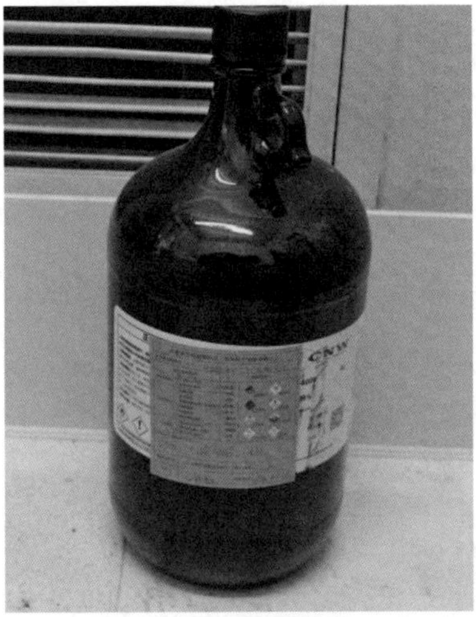

图 4-67　危险废物暂存

4.3.12　注意事项

①为了防止通过采样工具污染，采样工具在使用前要用甲醇、纯净水充分洗净。在采集其他样品时，要注意更换采样工具和清洗采样工具，以防止交叉污染。

②在样品的保存和运输过程中，要避免沾污，样品应放在密闭、避光的冷藏箱（4.3.5.10）中冷藏贮存。

③在分析过程中必要的器具、材料、药品等应事先分析确认其是否含有对分析测定有干扰目标物测定的物质。器具、材料可采用甲醇清洗，尽可能除去干扰物质。

4.4 土壤和沉积物 挥发性卤代烃的测定 顶空/气相色谱‑质谱法（HJ 736—2015）

警告：试验中所使用的内标、替代物和标准溶液为易挥发的有毒化合物，其溶液配制应在通风柜中进行操作；应按规定要求佩戴防护器具，避免接触皮肤和衣物。

4.4.1 适用范围

本标准规定了测定土壤和沉积物中挥发性卤代烃的顶空/气相色谱‑质谱法。

本标准适用于土壤和沉积物中氯甲烷等35种挥发性卤代烃的测定。其他挥发性卤代烃如果通过验证也适用于本标准。

4.4.2 检出限

当取样量为2 g时，35种挥发性卤代烃的方法检出限为2～3 μg/kg，测定下限为8～12 μg/kg，详见表4-14。

表 4-14　35 种目标物的检出限和测定下限

单位：μg/kg

序号	目标物中文名称	目标物英文名称	CAS 号	检出限	测定下限
1	二氯二氟甲烷	Dichlorodifluoromethane	75-71-8	3	12
2	氯甲烷	Chloromethane	74-87-3	3	12
3	氯乙烯	Chloroethene	75-01-4	2	8
4	溴甲烷	Bromomethane	74-83-9	3	12
5	氯乙烷	Chlorethane	75-00-3	2	8
6	三氯氟甲烷	Trichlorofluoromethane	75-69-4	2	8
7	1,1-二氯乙烯	1,1-Dichloroethene	75-35-4	2	8
8	二氯甲烷	Dichloromethane	75-09-2	3	12
9	反-1,2-二氯乙烯	Trans-1,2-Dichloroethene	156-60-5	3	12
10	1,1-二氯乙烷	1,1-Dichloroethane	75-34-3	2	8
11	2,2-二氯丙烷	2,2-Dichloropropane	594-20-7	2	8
12	顺-1,2-二氯乙烯	Cis-1,2-Dichloroethene	156-59-2	3	12
13	溴氯甲烷	Bromochloromethane	74-97-5	3	12

续表

序号	目标物中文名称	目标物英文名称	CAS 号	检出限	测定下限
14	氯仿	Chloroform	67-66-3	2	8
15	1,1,1-三氯乙烷	1,1,1-Trichloroethane	71-55-6	2	8
16	1,1-二氯丙烯	1,1-Dichloropropene	563-58-6	2	8
17	四氯化碳	Carbon tetrachloride	56-23-5	2	8
18	1,2-二氯乙烷	1,2-Dichloroethane	107-06-2	3	12
19	三氯乙烯	Trichloroethylene	79-01-6	2	8
20	1,2-二氯丙烷	1,2-Dichloropropane	78-87-5	2	8
21	二溴甲烷	Dibromomethane	74-95-3	2	8
22	一溴二氯甲烷	Bromodichloromethane	75-27-4	3	12
23	顺-1,3-二氯丙烯	Cis-1,3-Dichloropropene	10061-01-5	2	8
24	反-1,3-二氯丙烯	Trans-1,3-Dichloropropene	542-75-6	2	8
25	1,1,2-三氯乙烷	1,1,2-Trichloroethane	79-00-5	2	8
26	四氯乙烯	Tetrachloroethylene	127-18-4	2	8

序号	目标物中文名称	目标物英文名称	CAS 号	检出限	测定下限
27	1,3-二氯丙烷	1,3-Dichloropropane	142-28-9	3	12
28	二溴一氯甲烷	Dibromochloromethane	124-48-1	3	12
29	1,2-二溴乙烷	1,2-Dibromoethane	106-93-4	2	8
30	1,1,1,2-四氯乙烷	1,1,1,2-Tetrachloroethane	630-20-6	3	12
31	溴仿	Bromoform	75-25-2	3	12
32	1,1,2,2-四氯乙烷	1,1,2,2-Tetrachloroethane	79-34-5	3	12
33	1,2,3-三氯丙烷	1,2,3-Trichloropopropane	96-18-4	3	12
34	1,2-二溴-3-氯丙烷	1,2-Dibromo-3-chloropropane	96-12-8	3	12
35	六氯丁二烯	Hexachlorobutadiene	87-68-3	2	8

4.4.3　方法原理

在一定的温度条件下，顶空瓶内样品中挥发性卤代烃向液上空间挥发，产生一定的蒸气压，并达到气相、液相、固相平衡，取气相样品进入气相色谱分离后，用质谱仪进行检测。根据保留时间、碎片离子质荷比及不同离子丰度比定性，内标法定量。方法流程见图 4-68。

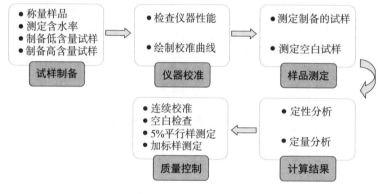

图 4-68　方法流程

4.4.4　试剂和材料

4.4.4.1　实验用水

二次蒸馏水或纯水设备制备水（图 4-69），使用前需经过空白检验，确认无目标化合物或目标化合物浓度低于方法检出限。

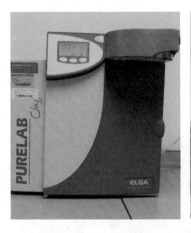

图 4-69　实验室纯水设备

4.4.4.2　甲醇（CH₃OH）

农残级（图 4-70），使用前需通过检验，确认无目标物或目标物浓度低于方法检出限。

图 4-70　农残级甲醇

4.4.4.3 氯化钠（NaCl）

优级纯，在马弗炉中400℃下灼烧4 h，置于干燥器中冷却至室温后（图4-71），贮于磨口棕色玻璃瓶中密封保存。

图4-71 马弗炉、干燥器

4.4.4.4 磷酸（H_3PO_4）

优级纯。

4.4.4.5 基体改性剂

将磷酸（4.4.4.4）滴加到100 ml实验用水中，调节溶液，使其pH小于2；再加入36 g氯化钠（4.4.4.3）混匀。于4℃下保存，可保存6个月（图4-72）。

图4-72 氯化钠、磷酸及基体改性剂

4.4.4.6 标准贮备液：ρ=2 000 mg/L

直接购买市售有证标准溶液（图4-73），在-10℃以下避光保存，或参照制造商的产品说明。使用时应恢复至室温，并混匀。开封后在密实瓶中可保存1个月。

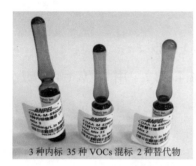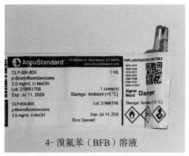

3种内标 35种VOCs混标 2种替代物　　　　　4-溴氟苯（BFB）溶液

图4-73　相关标准溶液

4.4.4.7 标准使用液：ρ=20 mg/L

取适量标准贮备液（4.4.4.6），用甲醇（4.4.4.2）进行适当稀释。在密实瓶中-10℃以下避光保存，可保存1周（图4-74）。

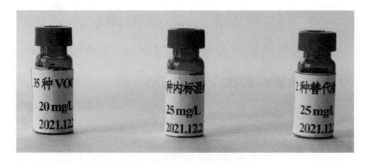

图4-74　相关标准使用液

4.4.4.8　内标贮备液：ρ=2 000 mg/L

选用氟苯、1-氯-2-溴丙烷、4-溴氟苯作为内标。可直接购买有证标准溶液，也可用标准物质制备。在 -10℃以下避光保存或参照制造商的产品说明。使用时应恢复至室温，并摇匀。开封后在密实瓶中可保存 1 个月。

4.4.4.9　内标使用液：ρ=25 mg/L

取适量内标贮备液（4.4.4.8），用甲醇（4.4.4.2）进行适当稀释。在密实瓶中 -10℃以下避光保存，可保存 1 周。

4.4.4.10　替代物贮备液：ρ=2 000 mg/L

选用二氯甲烷 -d_2、1,2-二氯苯 -d_4 作为替代物。可直接购买市售有证标准溶液，也可用标准物质制备。在 -10℃以下避光保存或参照制造商的产品说明。使用前应恢复至室温，并摇匀。开封后在密实瓶中可保存 1 个月。

4.4.4.11　替代物使用液：ρ=25 mg/L

取适量替代物贮备液（4.4.4.10），用甲醇（4.4.4.2）进行适当稀释。在密实瓶中 -10℃以下避光保存，可保存 1 周。

4.4.4.12　4-溴氟苯（BFB）溶液：ρ=25 mg/L

可直接购买有证标准溶液，也可用标准物质制备。

在 -10℃以下避光保存或参照制造商的产品说明。使用时应恢复至室温，并摇匀。开封后在密实瓶中可保存 1 个月。

4.4.4.13 石英砂

20～50 目（图 4-75），使用前需通过检验，确认无目标化合物或目标化合物浓度低于方法检出限。

4.4.4.14 氦气

纯度≥99.999%（图 4-76），经脱氧剂脱氧、分子筛脱水。

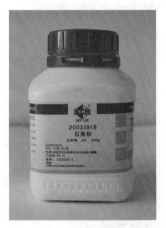 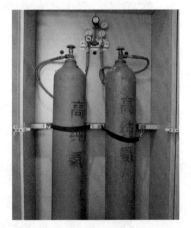

图 4-75　20～50 目石英砂　图 4-76　纯度≥99.999% 的氦气

4.4.5　仪器和设备

4.4.5.1　采样器材

铁铲和不锈钢药勺。

4.4.5.2 采样瓶

具聚四氟乙烯衬垫的 60 ml 螺纹棕色玻璃瓶。

4.4.5.3 气相色谱 – 质谱联用仪

气相色谱 – 质谱联用仪使用 EI 电离源（图 4-77）。

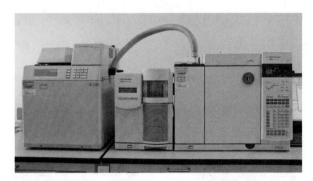

图 4-77　顶空 / 气相色谱 – 质谱联用仪

4.4.5.4 色谱柱

石英毛细管柱，长 30 m，内径 0.25 mm，膜厚 1.4 μm，固定相为 6% 腈丙苯基、94% 二甲基聚硅氧烷，也可使用其他等效毛细柱（图 4-78）。

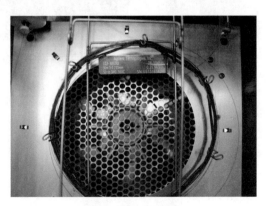

图 4-78　色谱柱

4.4.5.5 顶空自动进样器

具顶空瓶。

4.4.5.6 顶空瓶

22 ml，具聚四氟乙烯衬垫密封盖的顶空瓶（与顶空进样器相匹配），瓶盖（螺旋盖或一次使用的压盖）。

4.4.5.7 微量注射器

容量为 10 μl、25 μl、100 μl、250 μl、500 μl 和 1 000 μl。

相关耗材见图 4-79。

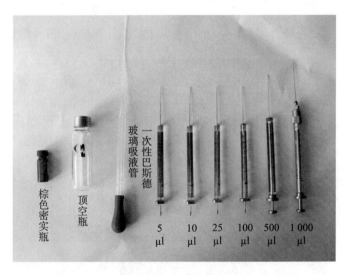

图 4-79 相关耗材

4.4.5.8 天平

精度为 0.01 g（图 4-80）。

图 4-80　天平

4.4.5.9　往复式振荡器

振荡频率 150 次 /min，可固定顶空瓶（图 4-81）。

图 4-81　往复式振荡器

4.4.5.10　棕色密实瓶

2 ml，具聚四氟乙烯衬垫。

4.4.5.11　pH 计

精度为 ±0.05（图 4-82）。

图 4-82　pH 计

4.4.5.12　便携式冷藏箱

容积 20 L。温度可达到 4℃以下。

4.4.5.13　一般实验室常用仪器和设备

4.4.6　样品

4.4.6.1　样品的采集

按照 HJ/T 166 和 GB 17378.3 的相关要求采集土壤和沉积物样品。在采样现场使用便携式 VOCs 测定仪对样品浓度高低进行初筛，并标记。所有样品均应至少采集 3 个平行样品。尽快将样品采集于采样瓶（4.4.5.2）中并尽量填满，快速清除掉采样瓶螺纹及外表面上黏附的样品，密封采样瓶。

注 17：现场初步筛选挥发性卤代烃含量测定结果大于 200 μg/kg 时，视该样品为高含量样品。

4.4.6.2　样品的保存

样品到达实验室后，应尽快分析。若不能及时分析，应将样品低于 4℃ 下保存（图 4-83），保存期为 14 d。样品存放区域应无有机物干扰。

图 4-83　样品保存

4.4.6.3　试样的制备

（1）低含量试样的制备

实验室内取出采样瓶（4.4.5.2）恢复至室温，称取 2 g 样品于顶空瓶（4.4.5.6）中，加入 10.0 ml 基体改性剂（4.4.4.5）、2.0 μl 替代物（4.4.4.11）和 4.0 μl 内标（4.4.4.9）后立即密封，以 150 次 /min 的频率振荡 10 min 使样品混匀，待测。低含量试样制备流程见图 4-84，低含量试样制备见图 4-85。

图 4-84　低含量试样制备流程

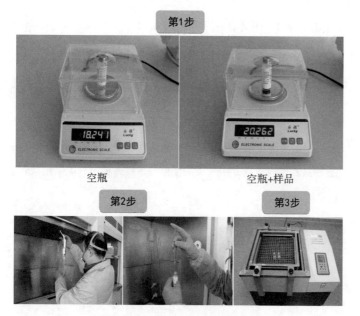

图 4-85　低含量试样制备

（2）高含量试样的制备

实验室内取出采样瓶（4.4.5.2），待采样瓶恢复至室温后，称取 2 g 样品于顶空瓶（4.4.5.6）中，迅速加入 10.0 ml 甲醇（4.4.4.2），密封。室温下以 150 次/min

的频率振荡 10 min，静置沉降后，取 2.0 ml 提取液至 2 ml 棕色密实瓶（4.4.5.10）中，密封。该提取液可置于冷藏箱内 4℃下保存，保存期为 14 d。分析前样品恢复至室温，用微量注射器（4.4.5.7）取适量该提取液注入含 2 g 石英砂（4.4.4.13）、10.0 ml 基体改性剂（4.4.4.5）的顶空瓶（4.4.5.6）中，2.0 μl 替代物（4.4.4.11）和 4.0 μl 内标（4.4.4.9）后立即密封，以 150 次 /min 的频率振荡 10 min 使样品混匀，待测。高含量试样制备流程见图 4-86，高含量试样制备见图 4-87。

注 18：若甲醇提取液中目标化合物浓度较高，可用甲醇适当稀释。

注 19：若用高含量方法分析浓度值过低或未检出，应采用低含量方法重新分析样品。

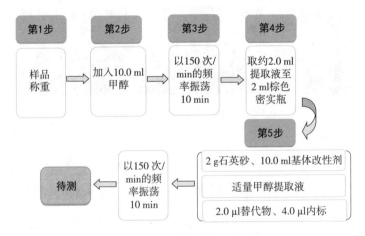

图 4-86　高含量试样制备流程

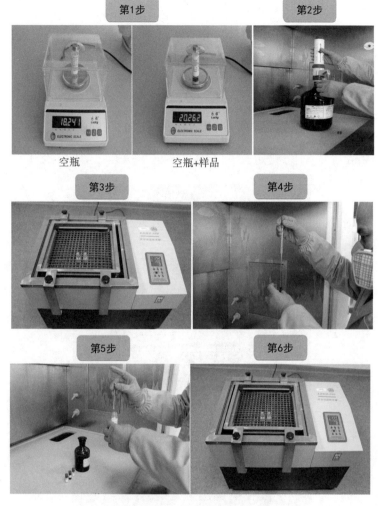

图 4-87　高含量试样制备

4.4.6.4　空白试样的制备

（1）低含量空白试样

以 2 g 石英砂（4.4.4.13）代替样品，按照 4.4.6.3 中步骤"（1）"制备低含量空白试样。

（2）高含量空白试样

以 2 g 石英砂（4.4.4.13）代替样品，按照 4.4.6.3 中步骤 "（2）" 制备高含量空白试样。

4.4.6.5　水分的测定

土壤样品含水率的测定按照 HJ 163 执行，沉积物样品含水率的测定按照 GB 17378.5 执行（图 4-88）。

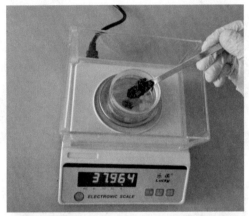

图 4-88　土壤样品含水率的测定

4.4.7 分析步骤

4.4.7.1 仪器参考条件

（1）顶空装置参考条件

平衡时间 30 min；平衡温度 60℃；进样时间 0.04 min；传输线温度 110℃。

（2）气相色谱仪参考条件

程序升温：35℃（5 min）$\xrightarrow{5℃/min}$ 180℃ $\xrightarrow{20℃/min}$ 200℃（5 min）；进样口温度 180℃；进样方式分流进样，分流比 20：1；载气氦气；接口温度 230℃；柱流量 1.2 ml/min。

（3）质谱仪参考条件

离子化方式 EI；离子源温度 200℃；传输线温度 230℃；电子加速电压 70 eV；检测方式 Full Scan 法；质量范围 35～300 amu。

4.4.7.2 校准

（1）仪器性能检查

每天分析样品前应对气相色谱-质谱仪进行性能检查，目标物测定参考参数见表 4-15。取 4-溴氟苯（BFB）（4.4.4.12）溶液 1 μl 直接进气相色谱分析，得到的 BFB 质谱图应符合表 4-16 中规定的要求或参照制造商的说明（图 4-89）。

181

表 4-15　目标物测定参考参数

序号	目标物中文名称	目标物英文名称	CAS 号	类型	定量内标	定量离子	辅助离子
1	二氯二氟甲烷	Dichlorodifluoromethane	75-71-8	目标物	1	85	87
2	氯甲烷	Chloromethane	74-87-3	目标物	1	50	52
3	氯乙烯	Chloroethene	75-01-4	目标物	1	62	64
4	溴甲烷	Bromomethane	74-83-9	目标物	1	94	96
5	氯乙烷	Chloroethane	75-00-3	目标物	1	64	66
6	三氯氟甲烷	Trichlorofluoromethane	75-69-4	目标物	1	101	103
7	1,1-二氯乙烯	1,1-Dichloroethene	75-35-4	目标物	1	96	61,63
8	二氯甲烷-d_2	Dichloromethane-d_2	1665-00-5	替代物	1	51	88
9	二氯甲烷	Dichloromethane	75-09-2	目标物	1	84	49
10	反-1,2-二氯乙烯	Trans-1,2-Dichloroethene	156-60-5	目标物	1	96	61,98
11	1,1-二氯乙烷	1,1-Dichloroethane	75-34-3	目标物	1	63	65,83
12	2,2-二氯丙烷	2,2-Dichloropropane	594-20-7	目标物	1	77	97
13	顺-1,2-二氯乙烯	Cis-1,2-Dichloroethene	156-59-2	目标物	1	96	61,63
14	溴氯甲烷	Bromochloromethane	74-97-5	目标物	1	128	49,130

序号	目标物中文名称	目标物英文名称	CAS 号	类型	定量内标	定量离子	辅助离子
15	氯仿	Chloroform	67-66-3	目标物	1	83	85
16	1,1,1-三氯乙烷	1,1,1-Trichloroethane	71-55-6	目标物	1	97	99,61
17	四氯化碳	Carbon tetrachloride	56-23-5	目标物	1	119	117
18	1,1-二氯丙烯	1,1-Dichloropropene	563-58-6	目标物	1	110	75,77
19	1,2-二氯乙烷	1,2-Dichloroethane	107-06-2	目标物	1	62	98
20	氟苯	Fluorobenzene	462-06-6	内标物	—	96	—
21	三氯乙烯	Trichloroethylene	79-01-6	目标物	1	95	97,130
22	1,2-二氯丙烷	1,2-Dichloropropane	78-87-5	目标物	1	63	112
23	二溴甲烷	Dibromomethane	74-95-3	目标物	1	93	95,174
24	一溴二氯甲烷	Bromodichloromethane	75-27-4	目标物	1	83	85,127
25	顺-1,3-二氯丙烯	Cis-1,3-Dichloropropene	10061-01-5	目标物	2	75	110
26	反-1,3-二氯丙烯	Trans-1,3-Dichloropropene	542-75-6	目标物	2	75	110
27	1-氯-2-溴丙烷	2-Bromo-1-chloropropane	3017-95-6	内标物	—	77	79
28	1,1,2-三氯乙烷	1,1,2-Trichloroethane	79-00-5	目标物	2	83	97,85

序号	目标物中文名称	目标物英文名称	CAS 号	类型	定量内标	定量离子	辅助离子
29	四氯乙烯	Tetrachloroethylene	127-18-4	目标物	2	164	129,131
30	1,3-二氯丙烷	1,3-Dichloropropane	142-28-9	目标物	2	76	78
31	二溴一氯甲烷	Dibromochloromethane	124-48-1	目标物	2	129	127
32	1,2-二溴乙烷	1,2-Dibromoethane	106-93-4	目标物	2	107	109,188
33	1,1,1,2-四氯乙烷	1,1,1,2-Tetrachloroethane	630-20-6	目标物	2	131	133,119
34	溴仿	Bromoform	75-25-2	目标物	3	173	175,254
35	4-溴氟苯	4-Bromofluorobenzene	460-00-4	内标物	—	95	174,176
36	1,1,2,2-四氯乙烷	1,1,2,2-Tetrachloroethane	79-34-5	目标物	3	83	131,85
37	1,2,3-三氯丙烷	1,2,3-Trichloropropane	96-18-4	目标物	3	75	77
38	1,2-二氯苯-d_4	1,2-Dichlorobenzene-d_4	2199-69-1	替代物	3	150	115,78
39	1,2-二溴-3-氯丙烷	1,2-Dibromo-3-chloropropane	96-12-8	目标物	3	75	155,157
40	六氯丁二烯	Hexachlorobutadiene	87-68-3	目标物	3	225	223,227

表 4-16 BFB 关键离子丰度标准

质荷比 （m/z）	离子丰度标准	质荷比 （m/z）	离子丰度标准
50	基峰的 15%～40%	174	大于基峰的 50%
75	基峰的 30%～60%	175	174 峰的 5%～9%
95	基峰，100% 相对丰度	176	174 峰的 95%～101%
96	基峰的 5%～9%	177	176 峰的 5%～9%
173	小于 174 峰的 2%	—	—

```
| 目标  | 相对于 | 下限    | 上限    | 相对   | 原始    | 结果    |
| 质量  | 质量   | 限制%  | 限制%  | Abn%  | Abn     | 通过/失败 |
| 50   | 95    | 15    | 40    | 16.7  | 6 744   | 通过     |
| 75   | 95    | 30    | 60    | 45.1  | 18 197  | 通过     |
| 95   | 95    | 100   | 100   | 100.0 | 40 383  | 通过     |
| 96   | 95    | 5     | 9     | 7.1   | 2 847   | 通过     |
| 173  | 174   | 0.00  | 2     | 0.4   | 162     | 通过     |
| 174  | 95    | 50    | 130   | 97.2  | 39 262  | 通过     |
| 175  | 174   | 5     | 9     | 7.0   | 2 754   | 通过     |
| 176  | 174   | 95    | 101   | 98.4  | 38 634  | 通过     |
| 177  | 176   | 5     | 9     | 6.6   | 2 559   | 通过     |
```

图 4-89 BFB 仪器性能检查结果

（2）校准曲线的绘制

向 5 支顶空瓶中依次加入 2 g 石英砂（4.4.4.13）、10.0 ml 基体改性剂（4.4.4.5），分别量取适量标准使用液（4.4.4.7）、替代物使用液（4.4.4.11）配制目标物和替代物含量为 20 ng、40 ng、100 ng、200 ng、400 ng 的标准系列（图 4-90），并分别加入 4.0 μl 内标使用液（4.4.4.9），立即密封，充分振摇 10 min 后，按照仪器参考条件（4.4.7.1）进行分析，得到不同目标物的色谱图。以目标物定量离子的响应值与内标物定量离子的响应值的比值为纵坐标，目标物含量（ng）为横坐标，绘制校准曲线。图 4-91 为在本标准规定的仪器条件下目标物的色谱图。

图 4-90　校准曲线系列

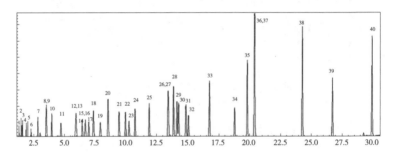

1—二氯二氟甲烷；2—氯甲烷；3—氯乙烯；4—溴甲烷；5—氯乙烷；6—三氯氟甲烷；7—1,1- 二氯乙烯；8—二氯甲烷 -d_2（替代物 1）；9—二氯甲烷；10—反 -1,2- 二氯乙烯；11—1,1- 二氯乙烷；12—2,2- 二氯丙烷；13—顺 -1,2- 二氯乙烯；14—溴氯甲烷；15—氯仿；16—1,1,1- 三氯乙烷；17—四氯化碳；18—1,1- 二氯丙烯；19—1,2- 二氯乙烷；20—氟苯（内标 1）；21—三氯乙烯；22—1,2- 二氯丙烷；23—二溴甲烷；24——溴二氯甲烷；25—顺 -1,3- 二氯丙烯；26—反 -1,3- 二氯丙烯；27—1- 氯 -2- 溴丙烷（内标 2）；28—1,1,2- 三氯乙烷；29—四氯乙烯；30—1,3- 二氯丙烷；31—二溴一氯甲烷；32—1,2- 二溴乙烷；33—1,1,1,2- 四氯乙烷；34—溴仿；35—4- 溴氟苯（内标 3）；36—1,1,2,2- 四氯乙烷；37—1,2,3- 三氯丙烷；38—邻二氯苯 -d_4（替代物 2）；39—1,2- 二溴 -3- 氯丙烷；40—六氯丁二烯

图 4-91　目标物的色谱图

① 用平均响应因子建立校准曲线

标准系列第 i 点目标物（或替代物）的相对响应因子（RRF_i），按式（4-24）进行计算。

$$RRF_i = \frac{A_i}{A_{ISi}} \times \frac{\rho_{ISi}}{\rho_i} \qquad (4\text{-}24)$$

式中：RRF_i——标准系列中第 i 点目标物（或替代物）的相对响应因子；

A_i——标准系列中第 i 点目标物（或替代物）定量离子的响应值；

A_{ISi}——标准系列中第 i 点目标物（或替代物）相对应内标定量离子的响应值；

ρ_{ISi}——标准系列中内标的含量，ng；

ρ_i——标准系列中第 i 点目标物（或替代物）的含量 ng。

目标物（或替代物）的平均相对响应因子，按照式（4-25）进行计算。

$$\overline{RRF} = \frac{\sum_{i=1}^{n} RRF_i}{n} \qquad (4\text{-}25)$$

式中：$\overline{RRF}$——目标物（或替代物）的平均相对响应因子；

RRF_i——标准系列中第 i 点目标物（或替代物）的相对响应因子；

n——标准系列点数。

RRF 的标准偏差，按照式（4-26）进行计算。

$$SD = \sqrt{\frac{\sum_{i=1}^{n}\left(RRF_i - \overline{RRF}\right)^2}{n-1}} \qquad （4-26）$$

RRF 的相对标准偏差，按照式（4-27）进行计算。

$$RSD = \frac{SD}{\overline{RRF}} \times 100\% \qquad （4-27）$$

标准系列目标物（或替代物）相对响应因子（RRF）的相对标准偏差（RSD）应小于等于 20%。

②用最小二乘法绘制校准曲线

以目标化合物和相对应内标的响应值比为纵坐标，浓度比为横坐标，用最小二乘法建立校准曲线，标准曲线的相关系数≥0.990。若校准曲线的相关系数小于 0.990 时，也可以采用非线性拟合曲线进行校准，但应至少采用 6 个浓度点进行校准。

4.4.7.3　样品测定

将制备好的试样（4.4.6.3）按照仪器参考条件（4.4.7.1）进行测定。

4.4.7.4　空白试验

将制备好的试样（4.4.6.4）按照仪器参考条件（4.4.7.1）进行测定。

4.4.8 结果计算与表示

4.4.8.1 定性分析

以全扫描方式采集数据，以样品中目标化合物相对保留时间（RRF）、辅助定性离子和目标离子丰度比（Q）与标准溶液中的变化范围来定性。样品中目标化合物的相对保留时间与校准曲线该化合物的相对保留时间的差值应在 ±0.06 内。样品中目标化合物的辅助定性离子和定量离子峰面积比（$Q_{样品}$）与标准曲线目标化合物的辅助定性离子和定量离子峰面积比（$Q_{标准}$）相对偏差控制在 ±30% 以内。

按式（4-28）计算相对保留时间（RRT）。

$$RRT = \frac{RT_x}{RT_{IS}} \qquad （4\text{-}28）$$

式中：RRT——相对保留时间；

RT$_X$——目标物的保留时间，min；

RT$_{IS}$——内标物的保留时间，min。

平均相对保留时间（$\overline{RRT}$）：标准系列中同一目标化合物的相对保留时间平均值按式（4-29）计算辅助定性离子和定量离子峰面积比（Q）。

$$Q = \frac{A_q}{A_t} \qquad （4\text{-}29）$$

式中：A_t——定量离子峰面积；

A_q——辅助定性离子峰面积。

4.4.8.2 定量分析

根据目标物和内标定量离子的响应值进行计算。当样品中目标物的定量离子有干扰时，可以使用辅助离子定量，具体见表4-15。

（1）目标物（或替代物）含量 m_1 的计算

①用平均相对响应因子计算。

当目标物（或替代物）采用平均相对响应因子进行校准时，目标物的含量 m_1 按式（4-30）进行计算。

$$m_1 = \frac{A_x \times m_{IS}}{A_{IS} \times \overline{RRF}} \tag{4-30}$$

式中：m_1——目标物（或替代物）的含量，ng；

A_X——目标物（或替代物）定量离子的响应值；

m_{IS}——内标物的含量，ng；

A_{IS}——与目标物（或替代物）相对应内标定量离子的响应值；

$\overline{RRT}$——目标物（或替代物）的平均相对响应因子。

②用线性或非线性校准曲线计算。

当目标物采用线性或非线性校准曲线进行校准时，目标物的含量 m_1 通过相应的校准曲线计算。

（2）土壤样品结果计算

低含量样品中目标物的浓度（μg/kg），按照式（4-31）进行计算。

$$\omega = \frac{m_1}{m \times W_{dm}} \qquad (4\text{-}31)$$

式中：ω——样品中目标物的浓度，μg/kg；

　　　m_1——校准曲线上查得的目标物（或替代物）的

　　　　　　含量，ng；

　　　m——采样量（湿重），g；

　　　W_{dm}——样品干物质含量，%。

高含量样品中目标物的浓度（μg/kg），按照式（4-32）进行计算。

$$\omega = \frac{m_1 \times V_c \times f}{V_s \times m \times W_{dm}} \qquad (4\text{-}32)$$

式中：ω——样品中目标物的浓度，μg/kg；

　　　m_1——校准曲线上查得的目标物（或替代物）

　　　　　　的含量，ng；

　　　V_c——提取液体积，ml；

　　　m——采样量（湿重），g；

　　　V_s——用于顶空的提取液体积，ml；

　　　W_{dm}——样品干物质含量，%；

　　　f——提取液的稀释倍数。

（3）沉积物样品结果计算

低含量样品中目标物的浓度（μg/kg），按照式（4-33）进行计算。

$$\omega = \frac{m_1}{m \times (1-w)} \qquad （4\text{-}33）$$

式中：ω——样品中目标物的浓度，μg/kg；

$\qquad m_1$——校准曲线上查得的目标物（或替代物）

$\qquad\qquad$ 的含量，ng；

$\qquad m$——采样量（湿重），g；

$\qquad w$——样品含水率，%。

高含量样品中目标物的浓度（μg/kg），按照式（4-34）进行计算。

$$\omega = \frac{m_1 \times V_c \times f}{V_s \times m \times (1-w)} \qquad （4\text{-}34）$$

式中：ω——样品中目标物的浓度，μg/kg；

$\qquad m_1$——校准曲线上查得的目标物（或替代物）

$\qquad\qquad$ 的含量，ng；

$\qquad V_c$——提取液体积，ml；

$\qquad m$——采样量（湿重），g；

$\qquad V_s$——用于顶空的提取液体积，ml；

$\qquad w$——样品含水率，%；

$\qquad f$——提取液的稀释倍数。

4.4.8.3 结果表示

当测定结果小于 100 μg/kg 时，保留小数点后 1 位；当测定结果大于等于 100 μg/kg 时，保留 3 位有效数字。

4.4.9 精密度和准确度

4.4.9.1 精密度

6 家实验室分别对 10 μg/kg、50 μg/kg、200 μg/kg 的样品采用顶空 / 气相色谱 - 质谱法进行了测定，实验室内相对标准偏差分别为 1.6%～12%、1.7%～15%、0.5%～9.7%；实验室间相对标准偏差分别为 4.0%～10%、6.3%～13%、3.9%～12%；重复性限分别为 1.5～2.4 μg/kg、5.8～10.4 μg/kg、20.9～31.7 μg/kg；再现性限分别为 2.1～3.1 μg/kg、11.4～19.5 μg/kg、32.1～64.2 μg/kg。

4.4.9.2 准确度

6 家实验室分别对土壤和沉积物实际样品采用顶空 / 气相色谱 - 质谱法进行加标分析测定，加标浓度为 20 μg/kg，加标回收率范围分别为 77.6%～113%、76.1%～115%。精密度和准确度结果见表 4-17。

表 4-17 方法精密度和准确度

名称	总平均值/（μg/kg）	实验室内相对标准偏差/%	实验室间相对标准偏差/%	重复性限r/（μg/kg）	再现性限R/（μg/kg）	土壤加标回收率（$\overline{P} \pm 2S_P$）/%	沉积物加标回收率（$\overline{P} \pm 2S_P$）/%
二氯二氟甲烷	9.6	6.2～11	5.1	2.2	2.4	90.7±5.8	95.9±13.0
	48.1	4.8～8.9	6.8	9.2	12.4		
	192	3.3～6.0	5.5	25.9	37.6		
氯甲烷	10.0	4.9～11	7.0	1.9	2.6	92.9±12.0	94.8±5.0
	48.3	4.7～6.9	7.0	7.5	11.6		
	193	3.5～6.2	6.0	27.4	41.0		
氯乙烯	10.2	3.9～10	7.8	2.2	3.0	93.9±12.2	92.3±8.4
	48.1	1.7～7.8	6.7	7.8	11.5		
	193	1.8～6.3	7.1	21.3	43.2		
溴甲烷	9.6	3.6～9.6	6.1	1.9	2.4	91.3±9.6	97.9±16.8
	48	4.0～10	7.4	8.4	12.6		
	192	1.0～6.2	7.2	25.2	45.0		

名称	总平均值/（μg/kg）	实验室内相对标准偏差/%	实验室间相对标准偏差/%	重复性限 r/（μg/kg）	再现性限 R/（μg/kg）	土壤加标回收率（$\bar{P}\pm2S_{\bar{P}}$）/%	沉积物加标回收率（$\bar{P}\pm2S_{\bar{P}}$）/%
氯乙烷	9.7	4.0～12	4.7	2.3	2.5	94.4±7.0	93.3±9.8
	48.3	3.5～7.4	6.3	8.5	11.6		
	194	0.9～7.1	3.9	26.7	32.1		
三氯氟甲烷	9.9	3.5～11	5.9	2.2	2.6	92.3±6.2	94.3±10.8
	46.7	3.3～8.3	6.9	7.6	11.4		
	192	1.3～7.3	8.1	23.6	48.4		
1,1-二氯乙烯	9.5	3.2～11	6.5	2.0	2.5	93.1±4.0	95.3±14.8
	48.5	4.9～9.9	8.4	9.4	14.3		
	189	3.1～6.3	8.4	25.8	50.1		
二氯甲烷-d_2	9.6	8.3～12	4.1	2.7	2.8	89.3±11.6	85.2±16.4
	47.6	4.9～9.2	4.0	10.5	10.9		
	196.6	3～7.9	2.6	32.8	33.2		

续表

名称	总平均值/(μg/kg)	实验室内相对标准偏差/%	实验室间相对标准偏差/%	重复性限 r/(μg/kg)	再现性限 R/(μg/kg)	土壤加标回收率 $(\bar{P}\pm2S_{\bar{P}})$/%	沉积物加标回收率 $(\bar{P}\pm2S_{\bar{P}})$/%
二氯甲烷	10.2	4.5~9.9	4.0	2.1	2.2	101±9.6	95.2±14.2
	49.4	4.4~6.7	7.7	7.8	12.8		
	197	3.2~4.6	6.1	20.9	38.6		
反-1,2-二氯乙烯	9.7	4.1~11	6.8	2.2	2.7	93.7±3.2	95.3±10.6
	46.7	3.3~8.9	8.6	7.3	13.1		
	187	2.6~5.0	10.3	21.8	57.1		
1,1-二氯乙烷	9.8	5.2~9.1	5.9	2.0	2.4	93.3±6.6	96.5±11.8
	48.2	4.1~9.0	9.7	9.7	15.8		
	189	3.1~5.6	11.3	25.4	64.2		
顺-1,2-二氯乙烯	9.9	4.9~8.3	6.0	1.9	2.4	96.8±13.2	93.6±12.4
	48.7	4.4~8.5	7.1	8.3	12.2		
	190	1.2~8.8	10.5	28.5	61.5		

名称	总平均值/ （μg/kg）	实验室内 相对标准 偏差/%	实验室间 相对标准 偏差/%	重复性限 r/ （μg/kg）	再现性限 R/ （μg/kg）	土壤加标 回收率 （$\bar{P} \pm 2S_{\bar{P}}$）/%	沉积物加标 回收率 （$\bar{P} \pm 2S_{\bar{P}}$）/%
2,2-二氯丙烷	9.8	4.0~9.5	6.4	2.0	2.5	91.0±7.4	93.4±16.4
	48.5	2.9~9.5	9.0	8.8	14.6		
	190	3.7~7.6	8.1	28.5	50.2		
溴氯甲烷	9.5	1.9~11	5.2	2.0	2.3	91.8±4.4	90.4±14.4
	48.7	4.2~6.6	9.1	7.4	14.1		
	192	3.2~6.1	7.9	24.5	48.1		
氯仿	9.9	5.8~7.0	7.0	1.7	2.5	97.6±9.4	94.1±9.8
	48.3	4.2~8.4	8.0	9.1	13.6		
	191	2.6~6.9	9.5	26.4	56.4		
1,1,1-三氯乙烷	9.9	4.3~7.3	6.5	1.6	2.3	96.2±10.4	91.8±7.8
	48.3	2.9~8.4	7.7	7.2	12.3		
	191	2.3~7.6	7.8	27.4	48.7		

续表

名称	总平均值/（μg/kg）	实验室内相对标准偏差 /%	实验室间相对标准偏差 /%	重复性限 r/（μg/kg）	再现性限 R/（μg/kg）	土壤加标回收率（$\overline{P} \pm 2S_{\overline{P}}$）/%	沉积物加标回收率（$\overline{P} \pm 2S_{\overline{P}}$）/%
1,1-二氯丙烯	9.6	3.9~9.5	5.5	2.0	2.3	96.2±4.6	95.0±13.8
	48.9	4.2~7.0	9.9	8.0	15.3		
	192	3.0~6.0	8.0	26.5	49.3		
四氯化碳	10.1	3.7~6.9	10.0	1.5	3.1	94.4±8.6	96.3±10.0
	49.4	4.0~5.8	8.4	7.0	13.3		
	191	4.1~5.7	10.1	26.9	59.2		
1,2-二氯乙烷	9.9	3.9~12	7.8	2.0	2.9	92.0±6.6	94.5±9.4
	47.6	3.3~9.2	9.5	8.4	14.8		
	192	2.0~7.0	6.9	27.1	44.4		
三氯乙烯	9.6	3.7~7.3	8.4	1.6	2.7	92.6±4.4	95.6±18.6
	48.4	3.1~7.8	8.4	7.2	13.1		
	190	2.8~8.3	6.7	27.8	43.7		

名称	总平均值/（μg/kg）	实验室内相对标准偏差/%	实验室间相对标准偏差/%	重复性限 r/（μg/kg）	再现性限 R/（μg/kg）	土壤加标回收率（$\bar{P}\pm 2S_{\bar{P}}$）/%	沉积物加标回收率（$\bar{P}\pm 2S_{\bar{P}}$）/%
1,2-二氯丙烷	10.1	3.1~6.7	7.8	1.5	2.6	97.0±15.2	93.3±14.6
	49.7	3.2~6.0	7.2	7.0	11.9		
	193	0.5~6.3	10.2	23.7	59.2		
二溴甲烷	9.9	6.5~9.3	6.0	2.2	2.6	93.3±3.8	95.5±16.0
	48.4	2.5~6.2	8.2	5.8	12.3		
	190	2.9~7.3	7.4	29.2	47.6		
一溴二氯甲烷	9.6	2.5~8.9	7.4	2.0	2.7	93.3±6.2	92.9±14.6
	48.4	1.7~11	8.8	8.4	14.2		
	191	2.6~6.6	8.5	25.1	51.0		
反-1,3-二氯丙烯	9.9	2.7~12	7.8	2.4	3.1	92.9±9.0	95.5±8.4
	49.2	4.7~13	10.5	9.9	17.0		
	195	3.8~8.4	9.6	29.1	59.0		

续表

名称	总平均值/(μg/kg)	实验室内相对标准偏差/%	实验室间相对标准偏差/%	重复性限 r/(μg/kg)	再现性限 R/(μg/kg)	土壤加标回收率 $(\bar{P}\pm 2S_{\bar{P}})$/%	沉积物加标回收率 $(\bar{P}\pm 2S_{\bar{P}})$/%
顺-1,3-二氯丙烯	9.9	4.8~9.3	6.2	2.2	2.7	95.3±13.6	96.0±12.8
	46.5	3.1~8.9	8.1	7.5	12.5		
	191	3.9~8.0	7.6	31.2	49.8		
1,1,2-三氯乙烷	9.7	5.6~8.9	6.6	1.8	2.4	93.2±4.2	93.0±16.2
	48.6	2.5~12	12.7	10.1	19.5		
	192	3.6~6.9	8.3	25.8	50.6		
四氯乙烯	9.9	5.5~12	6.1	2.1	2.5	91.3±5.8	95.8±9.8
	47.9	4.9~10	10.0	9.6	16.0		
	197	2.4~7.1	8.0	24.2	49.4		
1,3-二氯丙烷	9.9	4.4~9.2	6.6	2.1	2.7	91.8±3.8	94.3±9.6
	46.7	2.7~9.2	8.3	8.5	13.4		
	195	4.5~7.6	8.0	30.7	51.8		

名称	总平均值/(μg/kg)	实验室内相对标准偏差/%	实验室间相对标准偏差/%	重复性限 r/(μg/kg)	再现性限 R/(μg/kg)	土壤加标回收率 ($\bar{P}\pm2S_{\bar{P}}$)/%	沉积物加标回收率 ($\bar{P}\pm2S_{\bar{P}}$)/%
二溴一氯甲烷	9.5	5.2~8.9	6.5	1.8	2.4	93.5±5.0	91.8±10.6
	48.4	3.9~13	9.8	10.3	16.2		
	192	3.5~9.7	7.9	31.7	51.3		
1,2-二溴乙烷	9.8	2.3~9.6	4.9	1.8	2.1	93.8±5.6	94.7±13.2
	48.6	2.7~15	9.8	10.4	16.4		
	195	2.5~8.0	8.3	29.8	52.9		
1,1,1,2-四氯乙烷	9.9	3.0~8.2	6.8	1.8	2.5	93.1±4.8	95.5±9.0
	46.6	3.5~8.7	10.1	7.0	14.7		
	192	1.7~8.1	7.1	26.4	45.1		
溴仿	9.7	2.3~11	7.5	1.9	2.7	91.4±8.4	92.1±14.2
	48.2	4.4~7.3	10.1	8.0	15.5		
	194	2.6~5.3	8.5	22.8	50.9		

名称	总平均值 /（μg/kg）	实验室内相对标准偏差 /%	实验室间相对标准偏差 /%	重复性限 r/（μg/kg）	再现性限 R/（μg/kg）	土壤加标回收率（$\bar{P} \pm 2S_{\bar{P}}$）/%	沉积物加标回收率（$\bar{P} \pm 2S_{\bar{P}}$）/%
1,1,2,2-四氯乙烷	9.8	2.7~8.3	7.0	1.6	2.4	91.3±4.4	93.9±13.2
	49.2	3.3~12	9.7	9.0	15.7		
	195	3.8~9.2	8.9	30.1	55.8		
1,2,3-三氯丙烷	9.9	4.6~11	8.5	1.9	3.0	93.5±5.4	92.7±4.4
	47.8	2.0~13	10.9	9.1	16.8		
	196	2.5~8.2	8.0	29.1	51.3		
1,2-二氯苯-d_4	9.7	7.2~11	9.0	2.4	3.24	89.4±8.0	89.8±14.6
	48.9	4.5~8.2	1.9	8.6	8.9		
	194.9	9.5~5.2	2.1	41.0	42.8		
1,2-二溴-3-氯丙烷	9.6	1.6~10	9.0	1.9	3.0	90.5±6.6	95.5±13.4
	48.4	3.4~11	9.8	8.6	15.5		
	190	2.8~6.2	8.1	23.5	48.2		
六氯丁二烯	9.8	5.4~9.9	7.7	2.0	2.8	93.8±3.6	94.3±11.0
	49.7	2.6~8.4	8.5	7.7	13.8		
	192	4.2~8.3	7.8	29.0	49.8		

4.4.10 质量保证和质量控制

4.4.10.1 仪器性能检查

每 24 h 需进行仪器性能检查，得到的 BFB 的关键离子和丰度必须全部满足相关要求。

4.4.10.2 校准

校准曲线至少需 5 个浓度系列，目标化合物相对响应因子的 RSD 应小于等于 20%，或者校准曲线的相关系数大于等于 0.990，否则应查找原因或重新建立校准曲线。

每 12 h 分析 1 次校准曲线中间浓度点，中间浓度点测定值与校准曲线相应点浓度的相对偏差不超过 30%。

4.4.10.3 空白

每批样品应至少测定一个全程序空白样品，目标物浓度应小于方法检出限。如果目标物有检出，需查找原因。

4.4.10.4 平行样的测定

每批样品（最多 20 个）应选择一个样品进行平行分析。当测定结果为 10 倍检出限以内（包括 10 倍检出限），平行双样测定结果的相对偏差应≤50%，当测定结果大于 10 倍检出限，平行双样测定结果的相对偏差应≤20%。

4.4.10.5　回收率的测定

　　每批样品至少做一次加标回收率测定，样品中目标物和替代物加标回收率应为 70%～130%，否则重复分析样品。若重复测定替代物回收率仍不合格，说明样品存在基体效应。应分析一个空白加标样品。

4.4.11　废物处理

　　实验产生的含挥发性有机物的废物应集中保管（图 4-92），送具有资质单位集中处理。

图 4-92　危险废物暂存

4.4.12　注意事项

　　①为了防止采样工具污染，采样工具在使用前要用甲醇、纯净水充分洗净。在采集其他样品时，要注

意更换采样工具和清洗采样工具，以防止交叉污染。

②在样品的保存和运输过程中，要避免沾污，样品应放在便携的冷藏箱中冷藏贮存。

③在分析过程中必要的器具、材料、药品等事先分析测定有无干扰目标物测定的物质。器具、材料可采用甲醇清洗，尽可能除去干扰物质。

④高含量样品分析后，应分析空白样品，直至空白样品中目标物的浓度小于检出限时，才可以进行后续分析。

4.5 土壤和沉积物 挥发性有机物的测定 顶空/气相色谱法（HJ 741—2015）

警告：试验中所使用的有机试剂和标准溶液均为易挥发的有毒化学品；配制过程中应在通风柜中进行操作；应按规定要求佩戴防护器具，避免接触皮肤和衣物。

4.5.1 适用范围

本标准适用于土壤和沉积物中 37 种挥发性有机物的测定。其他挥发性有机物若通过验证也可适用于本标准。

4.5.2 检出限

当土壤和沉积物样品量为 2.00 g 时，本标准方法的检出限为 0.005～0.03 mg/kg，测定下限为 0.02～0.12 mg/kg，详见表 4-18。

表 4-18　37 种目标物检出限和测定下限

单位：mg/kg

序号	化合物名称	CAS 号	检出限	测定下限
1	氯乙烯	75-01-4	0.02	0.08
2	1,1-二氯乙烯	75-35-4	0.01	0.04
3	二氯甲烷	75-09-2	0.02	0.08
4	反-1,2-二氯乙烯	156-60-5	0.02	0.08
5	1,1-二氯乙烷	75-34-3	0.02	0.08
6	顺-1,2-二氯乙烯	156-59-2	0.008	0.032
7	氯仿	67-66-3	0.02	0.08
8	1,1,1-三氯乙烷	71-55-6	0.02	0.08
9	四氯化碳	56-23-5	0.03	0.12
10	1,2-二氯乙烷	107-06-2	0.01	0.04
11	苯	71-43-2	0.01	0.04
12	三氯乙烯	79-01-6	0.009	0.036
13	1,2-二氯丙烷	78-87-5	0.008	0.032
14	溴二氯甲烷	75-27-4	0.03	0.12
15	甲苯	108-88-3	0.006	0.024
16	1,1,2-三氯乙烷	79-00-5	0.02	0.08
17	四氯乙烯	127-18-4	0.02	0.08
18	二溴一氯甲烷	124-48-1	0.03	0.12
19	1,2-二溴乙烷	106-93-4	0.02	0.08
20	氯苯	108-90-7	0.005	0.02

序号	化合物名称	CAS 号	检出限	测定下限
21	1,1,1,2- 四氯乙烷	79-34-5	0.02	0.08
22	乙苯	100-41-4	0.006	0.024
23	间 - 二甲苯	108-38-3	0.009	0.036
24	对 - 二甲苯	106-42-3	0.009	0.036
25	邻 - 二甲苯	95-47-6	0.02	0.08
26	苯乙烯	100-42-5	0.02	0.08
27	溴仿	75-25-2	0.03	0.12
28	1,1,2,2- 四氯乙烷	79-34-5	0.02	0.08
29	1,2,3- 三氯丙烷	96-18-4	0.02	0.08
30	1,3,5- 三甲基苯	108-67-8	0.007	0.028
31	1,2,4- 三甲基苯	95-63-6	0.008	0.032
32	1,3- 二氯苯	541-73-1	0.007	0.028
33	1,4- 二氯苯	106-46-7	0.008	0.032
34	1,2- 二氯苯	95-50-1	0.02	0.08
35	1,2,4- 三氯苯	120-82-1	0.005	0.02
36	六氯丁二烯	87-68-3	0.02	0.08
37	萘	91-20-3	0.007	0.028

4.5.3 方法原理

在一定温度下，顶空瓶内样品中挥发性有机物向液上空间挥发，在气相、液相、固相达到热力学动态平衡后。气相中的挥发性有机物经气相色谱分离，用火焰离子化检测器检测。以保留时间定性，外标法定量。具体方法流程见图 4-93。

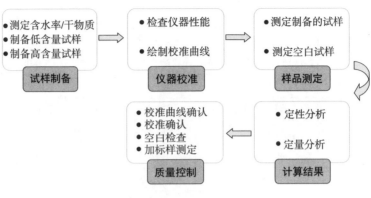

图4-93　方法流程

4.5.4　试剂材料

4.5.4.1　实验用水

二次蒸馏水或通过纯水设备（图4-94）制备的水。

使用前需经过空白试验，确认在目标化合物的保留时间区间内无干扰色谱峰出现或者其中的目标化合物浓度低于方法检出限。

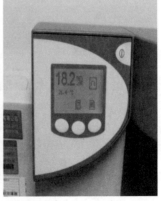

图4-94　实验室纯水设备

4.5.4.2 甲醇（CH₃OH）

色谱纯（图 4-95），使用前，需通过检验，确认无目标化合物或目标化合物浓度低于方法检出限。

图 4-95 农残级甲醇

4.5.4.3 氯化钠（NaCl）

优级纯，在马弗炉中 400℃下烘烤 4 h（图 4-96），置于干燥器中冷却至室温，转移至磨口玻璃瓶中保存。

烘烤　　　　　冷却　　　　　保存

图 4-96 氯化钠烘干制备

4.5.4.4 磷酸（H_3PO_4）

优级纯。

4.5.4.5 饱和氯化钠溶液

量取 500 ml 实验用水（4.5.4.1），滴加几滴磷酸（4.5.4.4）调节 pH≤2，加入 180 g 氯化钠（4.5.4.3），溶解并混匀。于 4℃下保存，可保存 6 个月。

分析方法所用主要试剂见图 4-97。

图 4-97　分析方法所用主要试剂

4.5.4.6 标准贮备液：ρ=1 000～5 000 mg/L

可直接购买有证标准溶液，也可用标准物质配制（图 4-98）。

4.5.4.7 标准使用液：ρ=10～100 mg/L

目标化合物的标准使用液保存于密实瓶中保存期为 30 d，或参照制造商说明配制。

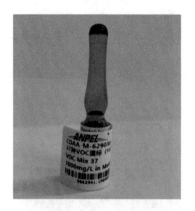

图 4-98　37 种 VOCs 混标

4.5.4.8　石英砂（SiO_2）

分析纯，20～50 目（图 4-99），使用前需通过检验，确认无目标化合物或目标化合物浓度低于方法检出限。

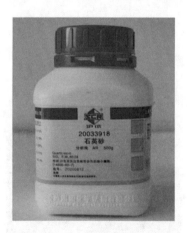

图 4-99　20～50 目石英砂

4.5.4.9　载气

高纯氮气（≥99.999%）（图 4-100），经脱氧剂脱氧、分子筛脱水。

图4-100 纯度≥99.999%的高纯氮气

4.5.4.10 燃气

高纯氢气（≥99.999%）（图4-101），经分子筛脱水。

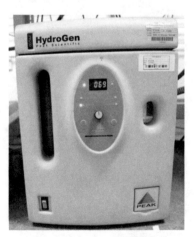

图4-101 氢气发生器

4.5.4.11　助燃气

空气（图4-102），经硅胶脱水、活性炭脱有机物。

注20：以上所有标准溶液均以甲醇为溶剂，配制或开封后的标准溶液应置于密实瓶中，4℃以下避光保存，保存期一般为30 d。使用前应恢复至室温、混匀。

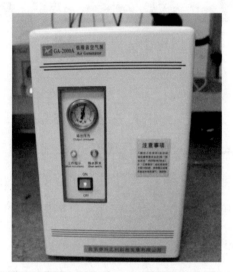

图4-102　空气发生器

4.5.5　仪器和设备

4.5.5.1　气相色谱仪

具有毛细管分流／不分流进样口，可程序升温，具氢火焰离子化检测器（FID）（图4-103）。

气相色谱仪　　　　顶空自动进样器

图 4-103　气相色谱仪

4.5.5.2　色谱柱

石英毛细管柱。柱 1: 60 m×0.25 mm，膜厚 1.4 μm（6% 腈丙苯基、94% 二甲基聚硅氧烷固定液），也可使用其他等效毛细柱。柱 2: 30 m×0.32 mm，膜厚 0.25 μm（聚乙二醇 -20M），也可使用其他等效毛细管柱（图 4-104）。

DB-624 UI 色谱柱　　　　HP-INNOWAX 色谱柱

图 4-104　分析方法所用色谱柱

4.5.5.3 自动顶空进样器

顶空瓶（22 ml）、密封垫（聚四氟乙烯 / 硅氧烷材料）、瓶盖（螺旋盖或一次使用的压盖）。

4.5.5.4 往复式振荡器

振荡频率 150 次 /min，可固定顶空瓶（图 4-105）。

图 4-105 往复式振荡器

4.5.5.5 天平

精度为 0.01 g（图 4-106）。

图 4-106 天平

4.5.5.6 微量注射器

容量为 5 μl、10 μl、25 μl、100 μl、500 μl。

4.5.5.7 采样器材

铁铲或不锈钢药勺。

4.5.5.8 便携式冷藏箱

容积 20 L，温度 4℃以下。

4.5.5.9 棕色密实瓶

2 ml，具聚四氟乙烯衬垫和实心螺旋盖。

4.5.5.10 采样瓶

具聚四氟乙烯 - 硅胶衬垫螺旋盖的 60 ml 或 200 ml 的螺纹棕色广口玻璃瓶。

4.5.5.11 一次性巴斯德玻璃吸液管

4.5.5.12 马弗炉

4.5.5.13 一般实验室常用仪器和设备

分析方法所用耗材见图 4-107。

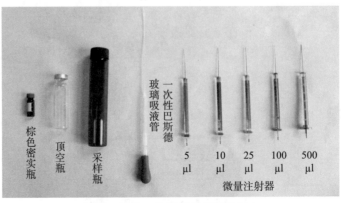

图 4-107 分析方法所用耗材

4.5.6　样品

4.5.6.1　样品的采集和保存

根据 HJ/T 166、GB 17378.3 的相关要求进行土壤和沉积物样品的采集和保存。采集样品的工具应用金属制品，使用前应进行清洗。所有样品均应至少采集3 份代表性样品。

（1）样品采集时加饱和氯化钠溶液

22 ml 顶空瓶中加入 10.0 ml 饱和氯化钠溶液，称重（精确至 0.01 g）后，带到现场。用采样器采集约2 g 的土壤或沉积物样品于顶空瓶中，立即密封，置于冷藏箱内，带回实验室。

（2）样品采集时未加饱和氯化钠溶液

用铁铲或药勺将样品尽快采集到采样瓶中，并尽量填满。快速清除掉采样瓶螺纹及外表面上黏附的样品，密封采样瓶。置于便携式冷藏箱内，带回实验室。采样瓶中的样品用于土壤中干物质含量、沉积物含水率和高含量样品的测定。

注 21：可在采样现场使用用于挥发性有机物测定的便携式仪器对样品进行浓度高低的初筛。当样品中挥发性有机物浓度大于 1 000 μg/kg 时，视该样品为高含量样品。

注 22：样品采集时切勿搅动土壤及沉积物，以免造成土壤及沉积物中有机物的挥发。

样品运回实验室后应尽快分析。若不能立即分析，应在4℃以下密封保存，保存期限不超过7 d。样品存放区域应无挥发性有机物干扰（图4-108）。

图4-108　样品保存

4.5.6.2　试样的制备

（1）低含量试样

4.5.6.1中步骤"（1）"采集到样品的制备：在实验室内取出装有样品的顶空瓶，待恢复至室温后，称重，精确至0.01 g。在振荡器上以150次/min的频率振荡10 min，待测。

4.5.6.1中步骤"（2）"采集到样品的制备：在实验室内取出装有样品的样品瓶，待恢复至室温后，称取2.00 g（精确至0.01 g）样品置于顶空瓶中，迅速加入10.0 ml饱和氯化钠溶液，立即密封，在振荡器上以150次/min的频率振荡10 min，待测。低含量试样制备流程见图 4-109，低含量试样制备见图 4-110。

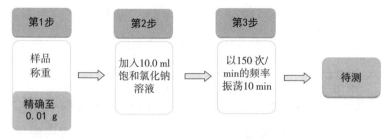

图 4-109　低含量试样制备流程

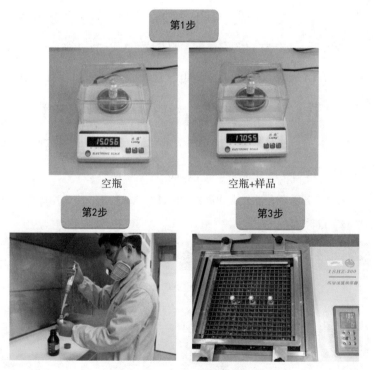

图 4-110　低含量试样制备

（2）高含量试样

如果现场初步筛选挥发性有机物为高含量或低含量

样品测定结果大于 1 000 µg/kg 时应视为高含量试样。

取出装有高含量样品的样品瓶，待其恢复至室温。称取 2.00 g（精确至 0.01 g）样品置于顶空瓶中，迅速加入 10.0 ml 甲醇，密封，在振荡器上以 150 次 /min 的频率振荡 10 min。静置沉降后，用一次性巴斯德玻璃吸管移取约 1 ml 甲醇提取液至 2 ml 棕色密实瓶中。该提取液可冷冻密封避光保存，保存期为 14 d。若甲醇提取液中目标化合物浓度较高，可通过加入甲醇进行适当稀释。

然后，向空的顶空瓶中依次加入 2.00 g（精确至 0.01 g）石英砂、10.0 ml 饱和氯化钠溶液和 10～100 µl 上述甲醇提取液，立即密封，在振荡器上以 150 次 /min 的频率振荡 10 min，待测。高含量试样制备流程见图 4-111，高含量试样制备见图 4-112。

注 4：若用高含量方法分析浓度值过低或未检出，应采用低含量方法重新分析样品。

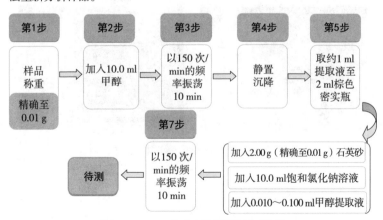

图 4-111　高含量试样制备流程

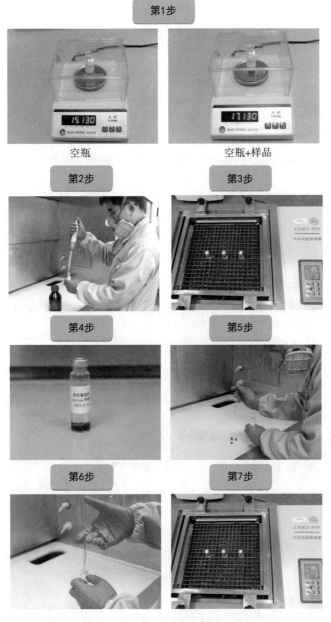

图4-112　高含量试样制备

4.5.6.3　空白试样的制备

（1）运输空白试样

采样前在实验室将 10.0 ml 饱和氯化钠溶液和 2.00 g（精确至 0.01 g）石英砂放入顶空瓶中密封，将其带到采样现场。采样时不开封，之后随样品运回实验室。在振荡器上以 150 次 /min 的频率振荡 10 min，待测。用于检查样品运输过程中是否受到污染。

（2）低含量空白试样

称取 2.00 g（精确至 0.01 g）石英砂代替样品，置于顶空瓶内，加入 10.0 ml 饱和氯化钠溶液，立即密封，在振荡器上以 150 次 /min 的频率振荡 10 min，待测。

（3）高含量空白试样

以 2.00 g（精确至 0.01 g）石英砂代替高含量样品，按照 4.5.6.2 步骤"（2）"进行制备。

4.5.6.4　土壤干物质含量及沉积物含水率的测定

按照 HJ 613 测定土壤中干物质含量；按照 GB 17378.5 测定沉积物样品的含水率（图 4-113）。

4.5.7　分析步骤

4.5.7.1　仪器参考条件

不同型号顶空进样器和气相色谱仪的最佳工作条件不同，应按照仪器使用说明书进行操作。标准给出

称样　　　　　　　　　烘干

图4-113　样品含水率/干物质的测定

的仪器参考条件如下。

（1）顶空自动进样器参考条件

加热平衡温度85℃；加热平衡时间50 min；取样针温度100℃；传输线温度110℃；传输线为经过惰性处理，内径0.32 mm的石英毛细管柱；压力化平衡时间1 min；进样时间0.2 min；拨针时间0.4 min。

注23：也可以采用其他进样方式。

（2）气相色谱仪参考条件

升温程序：40℃（保持5 min）$\xrightarrow{8℃/min}$100℃（保持5 min）$\xrightarrow{6℃/min}$200℃（保持10 min）。进样口温度220℃；检测器温度240℃；载气氮气；载气流量1 ml/min；氢气流量45 ml/min；空气流量450 ml/min；进样方式分流进样；分流比10：1。

4.5.7.2　校准曲线绘制

向 5 支顶空瓶中依次加入 2.00 g 石英砂、10.0 ml 饱和氯化钠溶液和一定量的标准使用液，立即密封，配制目标化合物分别为 0.10 μg、0.20 μg、0.50 μg、1.00 μg 和 2.00 μg 的 5 点不同浓度系列的校准曲线系列（图 4-114）。将配制好的标准系列样品在振荡器上以 150 次 /min 的频率振荡 10 min，按照仪器参考条件依次进样分析，以峰面积或峰高为纵坐标，质量（μg）为横坐标，绘制校准曲线。

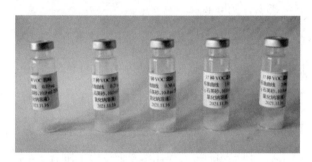

图 4-114　校准曲线系列

4.5.7.3　测定

将制备好的试样置于顶空进样器上，按照仪器参考条件进行测定。如果挥发性有机物有检出，应用色谱柱 2 辅助定性予以确认。

4.5.7.4　空白试验

将制备好的空白试样置于自动顶空进样器上，按照仪器参考条件进行测定。

4.5.8 结果计算与表示

4.5.8.1 定性分析

配制挥发性有机物浓度为 0.200 mg/L 的标准溶液，使用色谱柱 1 进行分离，按照顶空自动进样器和气相色谱仪参考条件进行测定，以保留时间定性。当使用本方法无法定性时，用色谱柱 2 或 GC-MS 等其他方式辅助定性。色谱柱 1 分析挥发性有机物的标准色谱图见图 4-115。色谱柱 2 分析挥发性有机物的标准色谱图见图 4-116。

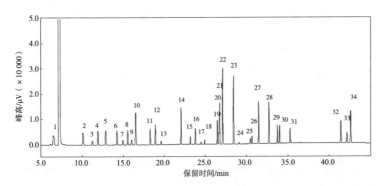

1—氯乙烯；2—1,1-二氯乙烯；3—二氯甲烷；4—反-1,2-二氯乙烯；5—1,1-二氯乙烷；6—顺-1,2-二氯乙烯；7—氯仿；8—1,1,1-三氯乙烷；9—四氯化碳；10—1,2-二氯乙烷+苯；11—三氯乙烯；12—1,2-二氯丙烷；13—溴二氯甲烷；14—甲苯；15—1,1,2-三氯乙烷；16—四氯乙烯；17—二溴一氯甲烷；18—1,2-二溴乙烷；19—氯苯；20—1,1,1,2-四氯乙烷；21—乙苯；22—间-二甲苯+对-二甲苯；23—邻-二甲苯+苯乙烯；24—溴仿；25—1,1,2,2-四氯乙烷；26—1,2,3-三氯丙烷；27—1,3,5-三甲基苯；28—1,2,4-三甲基苯；29—1,3-二氯苯；30—1,4-二氯苯；31—1,2-二氯苯；32—1,2,4-三氯苯；33—六氯丁二烯；34—萘

图 4-115 柱 1 分析挥发性有机物标准色谱图

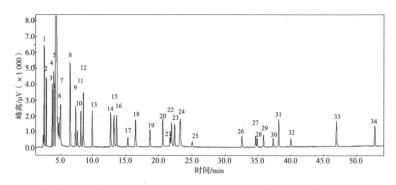

1—氯乙烯；2—顺 -1,2- 二氯乙烯 +1,1- 二氯乙烯；3—反 -1,2- 二氯乙烯；4—四氯化碳 +1,1,1- 三氯乙烷；5—1,1- 二氯乙烷；6—二氯甲烷；7—苯；8—三氯乙烯；9—四氯乙烯；10—氯仿；11—甲苯；12—1,2-二氯丙烷；13—1,2- 二氯乙烷；14—乙苯；15—对 - 二甲苯；16—间 - 二甲苯；17—溴二氯甲烷；18—邻 - 二甲苯；19—氯苯；20—1,3,5- 三甲基苯；21—1,2- 二溴乙烷；22—苯乙烯；23—1,1,1,2- 四氯乙烷；24—1,2,4- 三甲基苯 +1,1,2- 三氯乙烷；25—二溴一氯甲烷；26—1,3- 二氯苯；27—1,4- 二氯苯；28—溴仿；29—1,2,3- 三氯丙烷；30—1,2- 二氯苯；31—六氯丁二烯；32—1,1,2,2- 四氯乙烷；33—1,2,4- 三氯苯；34—萘

图 4-116　聚乙二醇 -20M 毛细柱分析 37 种
挥发性有机物色谱图

4.5.8.2　土壤样品结果计算

①低含量样品中挥发性有机物的含量（mg/kg），按照式（4-35）进行计算。

$$\omega = \frac{m_0}{m_1 \times W_{dm}} \qquad (4\text{-}35)$$

式中：ω——样品中挥发性有机物的含量，mg/kg；

m_0——校准曲线计算目标物的含量，μg；

m_1——样品量（湿重），g；

W_{dm}——样品的干物质含量，%。

②高含量样品中挥发性有机物的含量（mg/kg），按照式（4-36）进行计算。

$$\omega = \frac{m_0 \times 10 \times f}{m_1 \times W_{\text{dm}} \times V_s} \qquad （4\text{-}36）$$

式中：ω——样品中挥发性有机物的含量，mg/kg；

$\quad\quad m_0$——校准曲线计算目标物的含量，μg；

$\quad\quad 10$——提取样品加入的甲醇量，ml；

$\quad\quad f$——提取液的稀释倍数；

$\quad\quad m_1$——样品量（湿重），g；

$\quad\quad W_{\text{dm}}$——样品的干物质含量，%；

$\quad\quad V_s$——用于顶空测定的甲醇提取液体积，ml。

4.5.8.3　沉积物样品结果计算

①低含量样品中挥发性有机物的含量（mg/kg），按照式（4-37）进行计算。

$$\omega = \frac{m_0}{m_1 \times \left(1 - W_{\text{H}_2\text{O}}\right)} \qquad （4\text{-}37）$$

式中：ω——样品中目标物的含量，mg/kg；

$\quad\quad m_0$——根据校准曲线计算目标物的浓度，μg；

$\quad\quad m_1$——样品量（湿重），g；

$\quad\quad W_{\text{H}_2\text{O}}$——样品的含水率，%。

②高含量样品中挥发性有机物的含量（mg/kg），按照式（4-38）进行计算。

$$\omega = \frac{m_0 \times 10 \times f}{m_1 \times \left(1 - W_{H_2O}\right) \times V_s} \qquad (4\text{-}38)$$

式中：ω——样品中目标物的含量，mg/kg；

$\quad\quad m_0$——根据校准曲线计算目标物的浓度，μg；

$\quad\quad 10$——提取样品加入的甲醇量，ml；

$\quad\quad f$——提取液的稀释倍数；

$\quad\quad m_1$——样品量（湿重），g；

$\quad\quad W_{H_2O}$——样品的含水率，%；

$\quad\quad V_s$——用于顶空测定的甲醇提取液体积，ml。

4.5.8.4 结果表示

测定结果小数位数与方法检出限一致，最多保留 3 位有效数字。

4.5.9 精密度和准确度

4.5.9.1 精密度

6 家实验室分别对浓度水平 0.25 mg/kg（0.1 mg/kg）和 1.0 mg/kg（0.5 mg/kg）的土壤样品进行了精密度测定：实验室内相对标准偏差范围分别为 1.7%～14.4%、1.0%～11.7%；实验室间相对标准偏差范围分别为 4.8%～20.1%、1.7%～15.1%；重复性限范围分别为 0.013～0.05 mg/kg、0.041～0.15 mg/kg；再现性限范围分别为 0.020～0.07 mg/kg、0.044～0.30 mg/kg。

6 家实验室分别对浓度水平 0.25 mg/kg（0.1 mg/kg）和 1.0 mg/kg（0.5 mg/kg）的沉积物样品进行了精密度测定：实验室内相对标准偏差范围分别为 0.8%～15.6%、0.7%～24.7%；实验室间相对标准偏差范围分别为 7.2%～15.9%、2.5%～16.6%；重复性限范围分别为 0.012～0.06 mg/kg、0.045～0.29 mg/kg；再现性限范围分别为 0.033～0.14 mg/kg、0.071～0.46 mg/kg。

4.5.9.2　准确度

6 家实验室对土壤基体加标样品进行了测定，土壤样品加标浓度为 0.10 mg/kg（0.25 mg/kg），37 种挥发性有机物的加标回收率范围为 22.4%～113%；土壤样品加标浓度为 0.50 mg/kg（1.00 mg/kg），37 种挥发性有机物的加标回收率范围为 40.7%～94.7%。

6 家实验室对沉积物基体加标样品进行了测定，沉积物样品加标浓度为 0.10 mg/kg（0.25 mg/kg），37 种挥发性有机物的加标回收率范围为 52.5%～131%；沉积物样品加标浓度为 0.50 mg/kg（1.00 mg/kg），37 种挥发性有机物的加标回收率范围为 65.1%～116%。

精密度和准确度汇总数据见表 4-19 和表 4-20。

表4-19 方法的精密度

化合物名称	含量/(mg/kg)		实验室内相对标准偏差/%		实验室间相对标准偏差/%		重复性限 r/(mg/kg)		再现性限 R/(mg/kg)	
	土壤	沉积物	土壤	沉积物	土壤	沉积物	土壤	沉积物	土壤	沉积物
氯乙烯	0.25	0.25	1.7~9.2	2.3~8.9	8.4	9.3	0.04	0.04	0.07	0.08
	0.91	1.06	2.4~6.6	1.2~5.2	1.8	3.1	0.11	0.08	0.11	0.12
1,1-二氯乙烯	0.25	0.26	1.8~7.3	1.4~7.7	7.9	8.1	0.03	0.04	0.06	0.07
	0.85	1.07	2.7~7.0	1.4~7.0	2.8	4.2	0.12	0.11	0.13	0.16
二氯甲烷	0.21	0.24	4.1~8.1	1.2~5.6	5.3	7.5	0.03	0.02	0.04	0.05
	0.89	1.03	1.9~5.3	1.6~4.2	4.9	2.7	0.10	0.09	0.15	0.11
反-1,2-二氯乙烯	0.21	0.24	3.2~8.8	1.5~7.1	6.6	9.5	0.04	0.03	0.05	0.07
	0.81	1.02	2.0~6.3	0.7~6.4	1.7	4.0	0.09	0.09	0.09	0.14
1,1-二氯乙烷	0.23	0.24	2.8~5.4	1.2~7.2	6.9	8.1	0.03	0.03	0.05	0.06
	0.85	1.05	2.2~5.5	0.9~7.5	1.9	4.8	0.10	0.11	0.10	0.17
顺-1,2-二氯乙烯	0.196	0.233	3.3~7.9	1.8~6.6	7.3	8.3	0.035	0.02	0.05	0.06
	0.810	1.02	1.0~5.6	0.9~6.0	2.3	4.1	0.071	0.09	0.08	0.14

化合物名称	含量/（mg/kg）		实验室内相对标准偏差/%		实验室间相对标准偏差/%		重复性限 r/（mg/kg）		再现性限 R/（mg/kg）	
	土壤	沉积物	土壤	沉积物	土壤	沉积物	土壤	沉积物	土壤	沉积物
氯仿	0.22	0.24	3.4~7.0	1.7~6.7	6.4	8.2	0.04	0.03	0.05	0.06
	0.84	1.04	2.4~6.3	0.8~6.1	2.0	4.3	0.10	0.10	0.10	0.15
1,1,1-三氯乙烷	0.24	0.26	2.0~6.5	1.7~8.4	7.5	8.6	0.03	0.04	0.06	0.07
	0.80	1.07	2.9~8.2	1.4~8.8	3.2	5.3	0.14	0.13	0.15	0.20
四氯化碳	0.24	0.23	2.9~6.9	2.0~10.4	8.4	17.2	0.04	0.05	0.07	0.12
	0.79	1.07	2.9~9.2	1.6~8.6	3.4	4.8	0.14	0.14	0.15	0.19
1,2-二氯乙烷	0.30	0.36	3.5~6.1	0.8~8.6	6.0	12.2	0.04	0.05	0.06	0.13
	1.30	1.60	1.9~6.2	2.1~5.1	2.8	3.3	0.13	0.18	0.16	0.22
三氯乙烯	0.211	0.245	3.4~7.6	1.7~8.0	6.7	8.9	0.033	0.032	0.049	0.068
	0.766	1.04	2.2~7.0	1.2~7.9	2.3	4.7	0.106	0.113	0.108	0.173
1,2-二氯丙烷	0.208	0.235	3.3~6.6	1.2~7.1	6.5	8.3	0.031	0.026	0.047	0.059
	0.832	1.04	2.6~5.4	0.7~6.8	3.4	4.7	0.097	0.109	0.119	0.169

续表

化合物名称	含量/（mg/kg）		实验室内相对标准偏差/%		实验室间相对标准偏差/%		重复性限 r/（mg/kg）		再现性限 R/（mg/kg）	
	土壤	沉积物	土壤	沉积物	土壤	沉积物	土壤	沉积物	土壤	沉积物
溴二氯甲烷	0.50	0.23	2.3~7.1	1.9~6.0	7.0	8.0	0.03	0.03	0.05	0.06
甲苯	0.82	1.03	2.5~5.9	0.9~6.1	5.3	4.6	0.10	0.11	0.16	0.17
	0.084	0.105	3.5~7.7	1.2~9.7	7.5	15.4	0.014	0.017	0.022	0.048
	0.408	0.531	1.2~6.5	2.1~5.7	1.7	3.8	0.045	0.058	0.045	0.078
1,1,2-三氯乙烷	0.19	0.23	3.9~6.5	1.9~7.3	5.6	9.8	0.03	0.03	0.04	0.07
	0.82	1.03	2.9~8.4	2.6~5.4	8.7	4.1	0.14	0.12	0.24	0.16
四氯乙烯	0.22	0.25	3.9~6.9	1.5~8.3	6.8	9.3	0.03	0.03	0.05	0.07
	0.74	1.04	2.3~7.1	1.5~8.5	3.3	4.5	0.12	0.13	0.13	0.18
二溴一氯甲烷	0.18	0.23	5.6~9.1	3.2~7.8	4.8	8.2	0.04	0.03	0.04	0.06
	0.81	1.03	2.2~7.8	1.2~5.3	8.1	3.8	0.12	0.11	0.21	0.15
1,2-二溴乙烷	0.16	0.23	7.2~11.5	1.8~7.7	5.7	11.1	0.04	0.03	0.05	0.08
	0.79	0.99	2.1~7.3	1.8~4.0	9.6	2.5	0.12	0.09	0.24	0.11

化合物名称	含量/(mg/kg)		实验室内相对标准偏差/%		实验室间相对标准偏差/%		重复性限 r/(mg/kg)		再现性限 R/(mg/kg)	
	土壤	沉积物	土壤	沉积物	土壤	沉积物	土壤	沉积物	土壤	沉积物
氯苯	0.069	0.097	5.3~8.6	1.2~8.3	7.9	13.7	0.014	0.014	0.020	0.039
	0.389	0.511	2.2~6.3	3.0~5.7	2.1	3.6	0.041	0.063	0.044	0.077
1,1,1,2-四氯乙烷	0.18	0.20	5.8~9.2	1.4~15.6	6.7	16.9	0.04	0.04	0.05	0.10
	0.76	1.02	2.7~10.7	2.4~8.9	5.1	6.2	0.14	0.16	0.17	0.23
乙苯	0.084	0.105	3.9~7.9	1.0~8.9	6.8	15.2	0.015	0.016	0.021	0.047
	0.390	0.526	1.6~5.8	2.4~5.6	2.7	4.1	0.047	0.054	0.052	0.078
间-二甲苯	0.168	0.215	4.2~8.0	1.1~7.5	6.8	14.0	0.029	0.029	0.041	0.088
对-二甲苯	0.782	1.04	2.0~6.6	1.8~5.2	2.7	4.0	0.101	0.100	0.109	0.147
邻-二甲苯	0.15	0.22	6.5~10.8	1.1~9.5	10.6	11.6	0.04	0.03	0.06	0.08
苯乙烯	0.79	1.01	2.8~7.8	2.1~4.7	2.3	2.9	0.10	0.10	0.11	0.12
溴仿	0.16	0.24	4.4~13.2	4.6~11.8	5.2	19.5	0.04	0.06	0.05	0.14
	0.80	1.04	3.6~9.3	2.5~5.4	10.1	2.8	0.15	0.12	0.26	0.14

续表

化合物名称	含量/(mg/kg)		实验室内相对标准偏差/%		实验室间相对标准偏差/%		重复性限 r/(mg/kg)		再现性限 R/(mg/kg)	
	土壤	沉积物	土壤	沉积物	土壤	沉积物	土壤	沉积物	土壤	沉积物
1,1,2,2-四氯乙烷	0.18	0.21	4.3~14.0	4.3~9.0	6.4	15.1	0.05	0.04	0.06	0.10
	0.69	0.80	4.5~10.1	4.8~13.2	11.2	4.1	0.14	0.23	0.25	0.23
1,2,3-三氯丙烷	0.17	0.22	2.8~7.5	1.4~7.2	5.2	8.4	0.03	0.03	0.04	0.06
	0.79	1.02	1.4~10.6	2.4~5.4	11.9	2.6	0.15	0.12	0.30	0.13
1,3,5-三甲基苯	0.083	0.106	5.6~7.3	1.1~7.2	7.5	13.4	0.015	0.013	0.022	0.042
	0.374	0.498	2.8~7.4	2.0~6.0	3.8	4.8	0.056	0.049	0.065	0.081
1,2,4-三甲基苯	0.081	0.112	5.7~8.0	1.3~10.4	8.5	13.2	0.016	0.016	0.024	0.044
	0.379	0.496	3.0~7.3	2.0~5.0	3.0	4.4	0.058	0.045	0.062	0.074
1,3-二氯苯	0.059	0.088	5.6~9.7	1.5~7.5	12.8	14.7	0.013	0.012	0.024	0.038
	0.351	0.473	4.7~7.0	3.4~6.2	2.3	4.1	0.053	0.060	0.053	0.078
1,4-二氯苯	0.055	0.084	5.3~9.3	3.2~7.6	12.6	13.2	0.013	0.013	0.023	0.033
	0.350	0.465	4.9~7.0	3.6~5.9	2.3	3.5	0.054	0.059	0.054	0.071

化合物名称	含量/(mg/kg)		实验室内相对标准偏差/%		实验室间相对标准偏差/%		重复性限 r/(mg/kg)		再现性限 R/(mg/kg)	
	土壤	沉积物	土壤	沉积物	土壤	沉积物	土壤	沉积物	土壤	沉积物
1,2-二氯苯	0.05	0.08	7.6~9.9	2.4~7.2	12.8	14.6	0.01	0.01	0.02	0.04
	0.34	0.47	3.6~7.0	3.1~6.4	4.6	4.2	0.05	0.06	0.06	0.08
1,2,4-三氯苯	0.106	0.168	8.5~13.7	3.0~8.6	20.1	8.5	0.032	0.032	0.066	0.050
	0.536	0.790	5.4~8.7	3.0~12.4	2.9	7.6	0.104	0.147	0.104	0.215
六氯丁二烯	0.17	0.19	7.8~14.4	5.1~10.0	9.4	7.2	0.05	0.04	0.06	0.05
	0.57	0.80	4.1~10.3	3.4~24.7	6.8	16.6	0.12	0.29	0.16	0.46
萘	0.076	0.148	8.2~12.7	5.5~10.9	18.9	12.4	0.022	0.033	0.045	0.059
	0.507	0.779	6.9~11.7	2.5~6.6	15.1	4.0	0.123	0.100	0.242	0.126

表 4-20　方法的准确度

化合物名称	含量/(mg/kg)		P/%		$S_{\bar{P}}$/%		加标回收率（$\bar{P}\pm 2S_{\bar{P}}$）/%	
	土壤	沉积物	土壤	沉积物	土壤	沉积物	土壤	沉积物
氯乙烯	0.25	0.25	101	101	8.5	9.4	101±16.9	101±18.8
	0.91	1.06	90.6	106	1.7	3.3	90.6±3.31	106±6.66
1,1-二氯乙烯	0.25	0.26	98.6	102	7.8	8.4	98.6±15.5	102±16.7
	0.85	1.07	84.6	107	2.3	4.5	84.6±4.68	107±8.91
二氯甲烷	0.21	0.24	85.5	95.3	4.5	7.2	85.5±9.06	95.3±14.3
	0.89	1.03	89.1	103	4.4	2.8	89.1±8.73	103±5.61
反-1,2-二氯乙烯	0.21	0.24	85.6	95.6	5.7	9.1	85.6±11.3	95.6±18.2
	0.81	1.02	82.4	102	1.4	4.0	82.4±2.81	102±8.08
1,1-二氯乙烷	0.23	0.24	92.7	97.1	6.4	7.9	92.7±12.8	97.1±15.8
	0.85	1.05	85.2	105	1.6	5.1	85.2±3.20	105±10.1
顺-1,2-二氯乙烯	0.196	0.233	78.4	93.3	5.7	7.8	78.4±11.4	93.3±15.6
	0.810	1.02	81.0	102	1.8	4.2	81.0±3.69	102±8.37

续表

化合物名称	含量 /（mg/kg）		P/%		$S_{\bar{P}}$/%		加标回收率（$\bar{P} \pm 2S_{\bar{P}}$）/%	
	土壤	沉积物	土壤	沉积物	土壤	沉积物	土壤	沉积物
氯仿	0.22	0.24	87.2	95.8	5.6	7.9	87.2 ± 11.2	95.8 ± 15.8
	0.84	1.04	84.0	104	1.7	4.4	84.0 ± 3.40	104 ± 8.87
1,1,1-三氯乙烷	0.24	0.26	95.4	103	7.1	8.9	95.4 ± 14.2	103 ± 17.7
	0.80	1.07	80.2	107	2.6	5.7	80.2 ± 5.10	107 ± 11.3
四氯化碳	0.24	0.23	97.7	91.1	8.3	15.7	97.7 ± 16.5	91.1 ± 31.4
	0.79	1.07	78.9	107	2.7	5.1	78.9 ± 5.33	107 ± 10.2
1,2-二氯乙烷	0.30	0.36	85.9	102	5.2	12.2	85.9 ± 10.3	102 ± 24.3
苯	1.30	1.60	86.6	106	2.4	3.5	86.6 ± 4.87	106 ± 6.97
三氯乙烯	0.211	0.245	84.5	98.1	5.7	8.7	84.5 ± 11.3	98.1 ± 17.4
	0.766	1.04	76.6	104	1.8	4.9	76.6 ± 3.52	104 ± 9.86
1,2-二氯丙烷	0.208	0.235	83.3	93.8	5.5	7.8	83.3 ± 10.9	93.8 ± 15.6
	0.832	1.04	83.2	104	2.8	4.9	83.2 ± 5.68	104 ± 9.80

续表

化合物名称	含量/(mg/kg)		P/%		$S_{\bar{P}}$/%		加标回收率 ($\bar{P}\pm 2S_{\bar{P}}$)/%	
	土壤	沉积物	土壤	沉积物	土壤	沉积物	土壤	沉积物
溴二氯甲烷	0.50	0.23	77.9	92.3	5.5	7.4	77.9±11.0	92.3±14.7
	0.82	1.03	82.1	103	4.4	4.8	82.1±8.76	103±9.62
甲苯	0.084	0.105	83.9	105	6.3	16.1	83.9±12.6	105±32.2
	0.408	0.531	81.6	106	1.4	4.1	81.6±2.83	106±8.13
1,1,2-三氯乙烷	0.19	0.23	75.0	92.3	4.2	9.1	75.0±8.40	92.3±18.1
	0.82	1.03	82.3	103	7.2	4.3	82.3±14.3	103±8.50
四氯乙烯	0.22	0.25	86.8	99.4	6.0	9.3	86.8±11.9	99.4±18.5
	0.74	1.04	73.8	104	2.0	4.6	73.8±4.00	104±9.23
二溴一氯甲烷	0.18	0.23	72.0	93.5	3.5	7.7	72.0±6.92	93.5±15.4
	0.81	1.03	80.5	103	6.6	4.0	80.5±13.1	103±7.90
1,2-二溴乙烷	0.16	0.23	64.9	91.4	3.7	10.2	64.9±7.42	91.4±20.3
	0.79	0.99	79.2	99.4	7.6	2.4	79.2±15.2	99.4±4.88

续表

化合物名称	含量 /（mg/kg）		P/%		$S_{\bar{P}}$/%		加标回收率（$\bar{P} \pm 2S_{\bar{P}}$）/%	
	土壤	沉积物	土壤	沉积物	土壤	沉积物	土壤	沉积物
氯苯	0.069	0.097	69.3	97.4	5.5	13.3	69.3 ± 11.0	97.4 ± 26.6
	0.389	0.511	77.8	102	1.6	3.7	77.8 ± 3.29	102 ± 7.30
1,1,1,2-四氯乙烷	0.18	0.20	71.7	80.1	4.8	13.5	71.7 ± 9.63	80.1 ± 27.0
	0.76	1.02	76.5	102	3.9	6.4	76.5 ± 7.81	102 ± 12.8
乙苯	0.084	0.105	84.4	105	5.8	15.9	84.4 ± 11.5	105 ± 31.8
	0.390	0.526	78.0	105	2.1	4.3	78.0 ± 4.22	105 ± 8.67
间-二甲苯	0.168	0.215	83.8	107	5.7	15.1	83.8 ± 11.3	107 ± 30.1
对-二甲苯	0.782	1.04	78.2	104	2.1	4.1	78.2 ± 4.26	104 ± 8.25
邻-二甲苯	0.15	0.22	73.9	111	7.9	13.0	73.9 ± 15.7	111 ± 25.9
苯乙烯	0.79	1.01	79.0	101	1.8	2.9	79.0 ± 3.57	101 ± 5.83
溴仿	0.16	0.24	65.3	96.9	3.4	18.9	65.3 ± 6.85	96.9 ± 37.7
	0.80	1.04	79.6	104	8.0	2.9	79.6 ± 16.0	104 ± 5.77

化合物名称	含量/(mg/kg)		P/%		$S_{\bar{P}}$/%		加标回收率 ($\bar{P} \pm 2S_{\bar{P}}$)/%	
	土壤	沉积物	土壤	沉积物	土壤	沉积物	土壤	沉积物
1,1,2,2-四氯乙烷	0.18	0.21	70.4	83.3	4.5	12.6	70.4±9.02	83.3±25.1
	0.69	0.80	68.7	89.9	7.7	3.7	68.7±15.4	89.9±7.32
1,2,3-三氯丙烷	0.17	0.22	67.0	90.1	3.5	7.6	67.0±7.04	90.1±15.2
	0.79	1.02	78.6	102	9.4	2.6	78.6±18.7	102±5.27
1,3,5-三甲基苯	0.083	0.106	82.9	106	6.3	14.2	82.9±12.5	106±28.4
	0.374	0.498	74.9	99.5	2.8	4.8	74.9±5.69	99.5±9.63
1,2,4-三甲基苯	0.081	0.112	80.8	112	6.9	14.8	80.8±13.7	112±29.5
	0.379	0.496	75.8	99.1	2.3	4.4	75.8±4.51	99.1±8.70
1,3-二氯苯	0.059	0.088	58.9	87.7	7.5	12.9	58.9±15.0	87.7±25.8
	0.351	0.473	70.1	94.6	1.6	3.9	70.1±3.18	94.6±7.77
1,4-二氯苯	0.055	0.084	55.4	84.4	7.0	11.1	55.4±14.0	84.4±22.2
	0.350	0.465	70.0	93.0	1.6	3.2	70.0±3.21	93.0±6.46

化合物名称	含量 / (mg/kg)		P/%		$S_{\bar{P}}$/%		加标回收率（$\bar{P} \pm 2S_{\bar{P}}$）/%	
	土壤	沉积物	土壤	沉积物	土壤	沉积物	土壤	沉积物
1,2-二氯苯	0.05	0.08	51.7	85.1	6.7	12.4	51.7 ± 13.3	85.1 ± 24.8
	0.34	0.47	67.8	94.1	3.1	3.9	67.8 ± 6.25	94.1 ± 7.82
1,2,4-三氯苯	0.106	0.168	42.4	67.2	8.6	5.8	42.4 ± 17.1	67.2 ± 11.5
	0.536	0.790	53.6	79.0	1.5	6.0	53.6 ± 3.09	79.0 ± 12.0
六氯丁二烯	0.17	0.19	68.3	75.3	6.5	5.5	68.3 ± 12.9	75.3 ± 10.9
	0.57	0.80	58.6	80.0	4.0	13.3	58.6 ± 7.93	80.0 ± 26.6
萘	0.076	0.148	30.4	59.1	5.7	7.3	30.4 ± 11.4	59.1 ± 14.6
	0.507	0.779	50.7	77.9	7.7	3.1	50.7 ± 15.3	77.9 ± 6.26

4.5.10　质量保证和质量控制

①目标化合物的校准曲线，其相关系数应大于0.99，若不能满足要求，应查找原因，重新绘制校准曲线。

②校准确认。每批样品分析之前或 24 h 之内，需测定校准曲线中间浓度点，与校准曲线该浓度点响应值相比，保留时间的变化不超过 ±2 s，其测定值与标准值的相对误差应≤20%，否则应采取校正措施。若校正措施无效，则应重新绘制校准曲线。

③实验室空白试验分析结果中所有待测目标化合物浓度均应低于方法检出限。否则，需查明原因，及时消除，至实验室空白测定结果合格后，才可继续进行样品分析。

④每批样品至少应采集一个运输空白。其分析结果应小于方法检出限，否则需查找原因，排除干扰后重新采集样品分析。

⑤每批样品（最多 20 个）应测定一个空白加标样品、基体加标样品和基体加标平行样品，实验室空白加标回收率为 80.0%～120%。若样品回收率较低，说明样品存在基体效应，但平行加标样品回收率相对偏差不得超过 25%。

4.5.11 废物处理

实验产生的含挥发性有机物的危险废物应分类收集、保管（图4-117），委托有资质的相关单位进行处理。

图4-117 危险废物暂存

4.5.12 注意事项

①为了防止采样工具污染样品，采样工具在使用前要用甲醇、纯净水充分洗净。在采集其他样品时，要注意更换采样工具和清洗采样工具，以防止交叉污染。

②样品在保存和运输过程中，要避免沾污，样品应放在密闭、避光的便携式冷藏箱中冷藏贮存。

③在分析过程中必要的器具、材料、药品等应事先分析确认其是否含有对分析测定有干扰目标物测定的物质。器具、材料可采用甲醇清洗。通过空白检验干扰物质的存在与否。

4.6　土壤和沉积物　挥发性芳香烃的测定　顶空 / 气相色谱法（HJ 742—2015）

警告：试验中所使用的试剂和标准溶液为易挥发的有毒化合物，配制过程应在通风柜中进行操作；应按规定要求佩戴防护器具，避免接触皮肤和衣服。

4.6.1　适用范围

本标准规定了测定土壤和沉积物中 12 种挥发性芳香烃的顶空 / 气相色谱法。

本标准适用于土壤和沉积物中 12 种挥发性芳香烃的测定。其他挥发性芳香烃如果通过验证也适用于本标准。

4.6.2　检出限

当取样量为 2 g 时，12 种挥发性芳香烃的方法检出限为 3.0～4.7 μg/kg，测定下限为 12.0～18.8 μg/kg，详见表 4-21。

表 4-21　12 种目标物检出限和测定下限

单位：μg/kg

序号	目标物中文名称	目标物英文名称	检出限	测定下限
1	苯	Benzene	3.1	12.4
2	甲苯	Toluene	3.2	12.8
3	乙苯	Ethylbenzene	4.6	18.4
4	对－二甲苯	p-Xylene	3.5	14.0
5	间－二甲苯	m-Xylene	4.4	17.6
6	异丙苯	Isopropylbenzene	3.4	13.6
7	邻－二甲苯	o-Xylene	4.7	18.8
8	氯苯	Chlorobenzene	3.9	15.6
9	苯乙烯	Styrene	3.0	12.0
10	1,3-二氯苯	1,3-Dichlorobenzene	3.4	13.6
11	1,4-二氯苯	1,4-Dichlorobenzene	4.3	17.2
12	1,2-二氯苯	1,2-Dichlorobenzene	3.6	14.4

4.6.3　方法原理

在一定的温度下，顶空瓶内样品中挥发性芳香烃向液上空间挥发，在气相、液相、固相达到热力学动态平衡后。气相中的挥发性芳香烃经气相色谱分离，用火焰离子化检测器检测。以保留时间定性，外标法定量。

4.6.4　试剂材料

4.6.4.1　实验用水

二次蒸馏水或通过超纯水制备仪制备的水

（图4-118）。使用前需经过空白试验检验，确认在目标物的保留时间区间内没有干扰色谱峰出现。方法流程见图4-119。

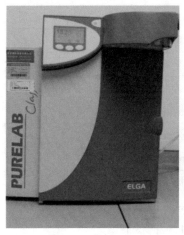

图4-118　实验室纯水设备

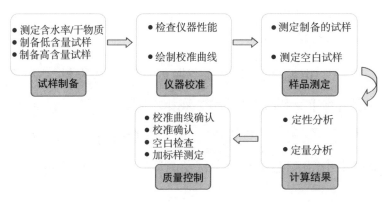

图4-119　方法流程

4.6.4.2　甲醇（CH₃OH）

农残级或相当级别（图4-120）。通过空白试验，确认在目标物的保留时间区间内没有干扰色谱峰出现。

图 4-120　农残级甲醇

4.6.4.3　氯化钠（NaCl）

优级纯，在马弗炉（或箱式电炉）中 400℃烘烤 4 h，置于干燥器中冷却至室温（图 4-121），转移至磨口玻璃瓶中保存。

烘烤　　　　　　　　　冷却　　　　　　　　　保存

图 4-121　氯化钠烘干制备

4.6.4.4　磷酸（H_3PO_4）

优级纯。

4.6.4.5　饱和氯化钠溶液

量取 500 ml 实验用水（4.6.4.1），滴加几滴磷酸（4.6.4.4）调节至 pH≤2，加入 180 g 氯化钠（4.6.4.3），溶解并混匀（图 4-122）。于 4℃下避光保存，可保存 6 个月。

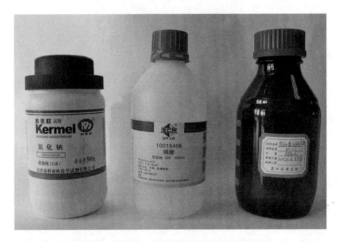

图 4-122　分析方法所用主要试剂

4.6.4.6　标准贮备液：ρ=1 000 μg/ml

挥发性芳香烃的甲醇标准溶液可直接购买有证标准溶液（图 4-123），也可用标准物质配制。包括苯、甲苯、乙苯、间 - 二甲苯、对 - 二甲苯、邻 - 二甲苯、异丙苯、苯乙烯、氯苯、1,3- 二氯苯、1,4- 二氯苯、1,2- 二氯苯。

在 4℃以下避光保存或参照制造商的产品说明。使用前应恢复至室温，并摇匀。开封后冷冻密封避光可保存 14 d。如购置高浓度标准贮备液，使用甲醇（4.6.4.2）进行适当稀释。

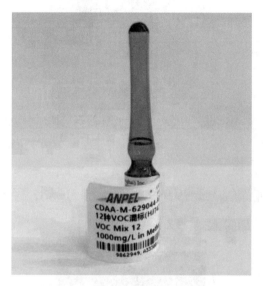

图 4-123　12 种 VOCs 混标

4.6.4.7　石英砂（SiO$_2$）

分析纯，20～50 目（图 4-124），使用前需通过检验，确认无目标化合物或目标化合物浓度低于方法检出限。

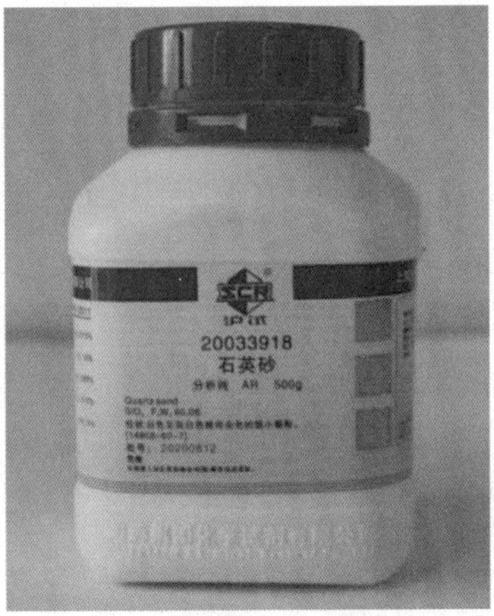

图 4-124　20～50 目石英砂

4.6.4.8　载气

　　高纯氮气（≥99.999%）（图 4-125），经脱氧剂脱
氧、分子筛脱水。

图 4-125　纯度≥99.999% 的氮气

4.6.4.9 燃气

高纯氢气（≥99.999%）（图 4-126），经分子筛脱水。

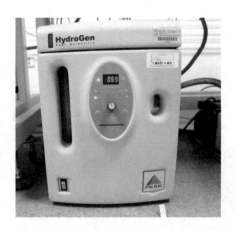

图 4-126 氢气发生器

4.6.4.10 助燃气

空气（图 4-127），经硅胶脱水、活性炭脱有机物。

图 4-127 空气发生器

4.6.5 仪器和设备

4.6.5.1 气相色谱仪

具有分流/不分流进样口，可程序升温，具火焰离子化检测器（FID）（图4-128）。

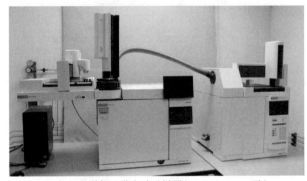

气相色谱仪（带自动进样器）　　顶空

图4-128　气相色谱仪

4.6.5.2 色谱柱

石英毛细管柱，30 m（长）× 0.32 mm（内径）× 0.25 μm（膜厚），固定相为聚乙二醇，也可使用其他等效毛细管柱（图4-129）。

柱温箱　　　　　　　　色谱柱

图4-129　分析方法所用色谱柱

4.6.5.3 自动顶空进样器

带顶空瓶（22 ml）、密封垫（聚四氟乙烯/硅氧烷）、瓶盖（螺旋盖或一次使用的压盖）。

4.6.5.4 往复式振荡器

振荡频率150次/min，可固定顶空瓶（图4-130）。

图4-130 往复式振荡器

4.6.5.5 天平

精度为0.01 g的天平（图4-131）。

图4-131 天平

4.6.5.6 微量注射器

容量为 5 μl、10 μl、25 μl、100 μl、500 μl、1 000 μl。

4.6.5.7 采样器材

铁铲和不锈钢药勺。

4.6.5.8 便携式冷藏箱

容积 20 L，温度 4℃以下。

4.6.5.9 棕色密实瓶

2 ml，具聚四氟乙烯衬垫和实心螺旋盖。

4.6.5.10 采样瓶

具聚四氟乙烯－硅胶衬垫螺旋盖的 60 ml 或 200 ml 的螺纹棕色广口玻璃瓶。

4.6.5.11 一次性巴斯德玻璃吸液管

分析方法所用耗材见图 4-132。

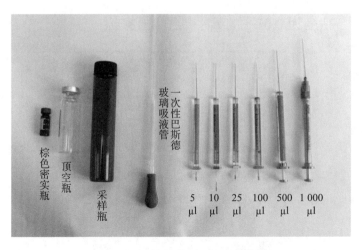

图 4-132 分析方法所用耗材

4.6.5.12　一般实验室常用仪器和设备

4.6.6　样品

4.6.6.1　样品的采集与保存

按照 HJ/T 166 的相关规定进行土壤样品的采集和保存。按照 GB 17378.3 的相关规定进行沉积物样品的采集和保存。采集样品的工具应用铁铲和不锈钢药勺。所有样品均应至少采集 3 份代表性样品。

用铁铲和不锈钢药勺将样品尽快采集到采样瓶（4.6.5.10）中，并尽量填满。快速清除掉样品瓶螺纹及外表面上黏附的样品，密封样品瓶。置于便携式冷藏箱内，带回实验室。

采样瓶中的样品用于样品测定和土壤中干物质含量及沉积物含水率的测定。

注24：必要时，可在采样现场使用用于挥发性芳香烃测定的便携式仪器对样品进行浓度高低的初筛。当样品中挥发性芳香烃浓度大于 1 000 μg/kg 时，视该样品为高含量样品。

注25：样品采集时切勿搅动土壤及沉积物，以免造成有机物的挥发。

样品送入实验室后应尽快分析。若不能立即分析，在 4℃以下密封保存，保存期限不超过 7 d（图4-133）。样品存放区域应无有机物干扰。

图 4-133　样品保存

4.6.6.2　试样的制备

（1）低含量试样

实验室内取出采样瓶（4.6.5.10），待恢复至室温后，称取 2.00 g（精确至 0.01 g）样品置于顶空瓶中，迅速向顶空瓶中加入 10.0 ml 饱和氯化钠溶液（4.6.4.5），立即密封，在往复式振荡器（4.6.5.4）上以 150 次/min的频率振荡 10 min，待测。低含量试样制备流程见图 4-134，低含量试样制备见图 4-135。

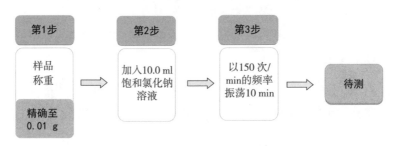

图 4-134　低含量试样制备流程

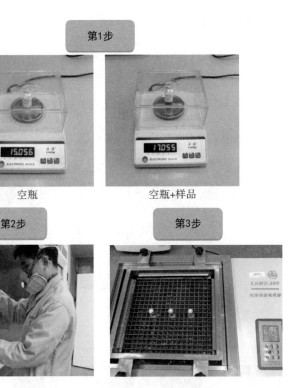

第1步

空瓶

空瓶+样品

第2步

第3步

图4-135　低含量试样制备

（2）高含量试样

高含量试样制备如下：取出采样瓶（4.6.5.10），使其恢复至室温。称取 2.00 g（精确至 0.01 g）样品置于顶空瓶中，迅速加入 10.0 ml 甲醇（4.6.4.2），密封，在往复式振荡器（4.6.5.4）上以 150 次 /min 的频率振荡 10 min。静置沉降后，用一次性巴斯德玻璃吸液管移取约 1 ml 提取液至 2 ml 棕色密实瓶（4.6.5.9）中。该提取液可置于冷藏箱内 4℃下保存，保存期为 14 d。

注 26：若甲醇提取液中目标化合物浓度较高，可通过加入甲醇进行适当稀释。

在分析之前将提取液恢复到室温后，向空的顶空瓶中加入 2.00 g（精确至 0.01 g）石英砂（4.6.4.7）、10.0 ml 饱和氯化钠溶液（4.6.4.5）和 0.010～0.100 ml 甲醇提取液。立即密封，在往复式振荡器（4.6.5.4）上以 150 次/min 的频率振荡 10 min，待测。高含量试样制备流程见图 4-136，高含量试样制备见图 4-137。

注 27：若用高含量方法分析浓度值过低或未检出，应采用低含量方法重新分析样品。

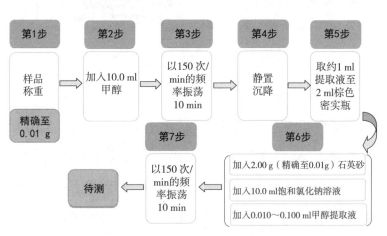

图 4-136　高含量试样制备流程

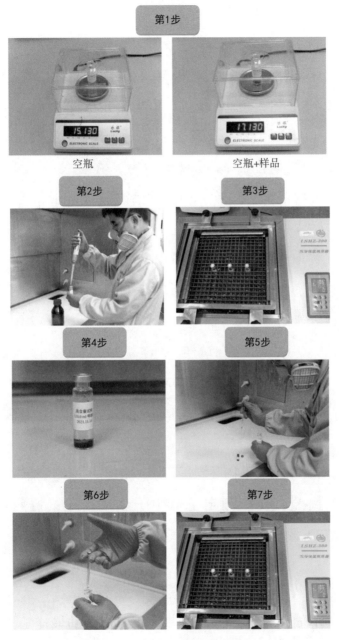

图 4-137　高含量试样制备

4.6.6.3　空白试样的制备

（1）运输空白试样

采样前在实验室将 10.0 ml 饱和氯化钠溶液（4.6.4.5）和 2.00 g（精确至 0.01 g）石英砂（4.6.4.7）放入顶空瓶中密封，将其带到采样现场。采样时不开封，之后随样品运回实验室，在往复式振荡器（4.6.5.4）上以 150 次 /min 的频率振荡 10 min，待测。

（2）低含量空白试样

称取 2.00 g（精确至 0.01 g）石英砂（4.6.4.7）代替样品，按照 4.6.6.2 中步骤"（1）"制备低含量空白试样。

（3）高含量空白试样

称取 2.00 g（精确至 0.01 g）石英砂（4.6.4.7）代替高含量样品，按照 4.6.6.2 中步骤"（2）"制备高含量空白试样。

4.6.6.4　土壤干物质含量及沉积物含水率的测定

按照 HJ 613 测定土壤中干物质含量；按照 GB 17378.5 测定沉积物样品的含水率（图 4-138）。

4.6.7　分析步骤

不同型号顶空进样器和气相色谱仪的最佳工作条件不同，应按照仪器使用说明书进行操作。标准推荐

图 4-138　样品含水率 / 干物质的测定

仪器参考条件如下。

4.6.7.1　仪器参考条件

（1）顶空进样器参考条件

加热平衡温度 85℃；加热平衡时间 50 min；取样针温度 100℃；传输线温度 110℃；传输线为经过去活处理，内径为 0.32 mm 的石英毛细管柱；压力化平衡时间 1 min；进样时间 0.2 min；拨针时间 0.4 min。

（2）气相色谱仪参考条件

升温程序：35℃（保持 6 min）$\xrightarrow{5℃/min}$ 150℃（保持 5 min）$\xrightarrow{20℃/min}$ 200℃（保持 5 min）。进样口温度 220℃；检测器温度 240℃；载气氮气；柱流量 1.0 ml/min；氢气流量 45 ml/min；空气流量 450 ml/min；进样方式分流进样；分流比 5 : 1。

4.6.7.2　校准曲线绘制

分别量取 25.0 μl、50.0 μl、100 μl、250 μl、500 μl

标准贮备液（4.6.4.6）于已装有少量甲醇的 5 ml 容量瓶中，然后用甲醇定容，得到标准溶液浓度分别为 5.00 µg/ml、10.0 µg/ml、20.0µg/ml、50.0 µg/ml、100 µg/ml（图 4-139），冷冻（-18℃以下）保存。

图 4-139　校准曲线系列

　向 5 支顶空瓶中依次加入 2.00 g（精确至 0.01 g）石英砂（4.6.4.7）、10.0 ml 饱和氯化钠溶液（4.6.4.5）和 10.0 µl 上述标准溶液（4.6.7.2），配制目标化合物质量分别为 50.0 ng、100 ng、200 ng、500 ng 和 1 000 ng 的 5 点校准曲线系列（图 4-140）。

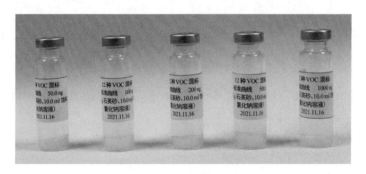

图 4-140　校准曲线系列

按照仪器参考条件（4.6.7.1）依次进样分析，以峰面积或峰高为纵坐标，质量（ng）为横坐标，绘制校准曲线。12种挥发性芳香烃的标准色谱图见图4-141。

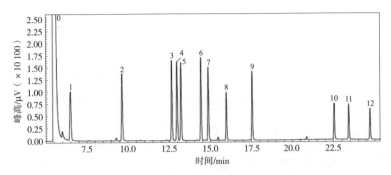

1—苯；2—甲苯；3—乙苯；4—对二甲苯；5—间二甲苯；6—异丙苯；7—邻二甲苯；8—氯苯；9—苯乙烯；10—1,3—二氯苯；11—1,4—二氯苯；12—1,2二氯苯

图4-141　12种挥发性芳香烃标准色谱图

4.6.7.3　测定

将制备好的试样（4.6.6.2）置于自动顶空进样器（4.6.5.3）上，按照仪器参考条件（4.6.7.1）进行测定。

4.6.7.4　空白试验

将制备好的空白试样（4.6.6.3）置于自动顶空进样器（4.6.5.3）上，按照仪器参考条件（4.6.7.1）进行测定。

4.6.8　结果计算与表示

4.6.8.1　定性分析

根据标准物质各组分的保留时间进行定性分析。

4.6.8.2 土壤样品结果计算

①低含量样品中挥发性芳香烃的含量（μg/kg），按照式（4-39）进行计算。

$$\omega = \frac{m_0}{m_1 \times w_{dm}} \tag{4-39}$$

式中：ω——样品中目标化合物的含量，μg/kg；

　　　m_0——根据校准曲线计算出目标化合物的质量，

　　　　　　ng；

　　　m_1——样品量（湿重），g；

　　　w_{dm}——样品的干物质含量，%。

②高含量样品中挥发性芳香烃的含量（μg/kg），按照式（4-40）进行计算。

$$\omega = \frac{m_0 \times 10.0 \times f}{m_1 \times V_S \times w_{dm}} \tag{4-40}$$

式中：ω——样品中目标化合物的含量，μg/kg；

　　　m_0——根据校准曲线计算出目标化合物的质量，

　　　　　　ng；

　　10.0——提取液体积，ml；

　　　f——萃取液的稀释倍数；

　　　m_1——样品量（湿重），g；

　　　V_S——用于顶空测定的甲醇提取液体积，ml；

　　　w_{dm}——样品的干物质含量，%。

4.6.8.3　沉积物样品结果计算

①低含量样品中挥发性芳香烃的含量（μg/kg），按照式（4-41）进行计算。

$$\omega = \frac{m_0}{m_1 \times \left(1 - w_{\text{H}_2\text{O}}\right)} \qquad (4\text{-}41)$$

式中：ω——样品中目标物的含量，μg/kg；

　　　m_0——根据校准曲线计算出目标化合物的质量，ng；

　　　m_1——样品量（湿重），g；

　　$w_{\text{H}_2\text{O}}$——样品的含水率，%。

②高含量样品中挥发性芳香烃的含量（μg/kg），按照式（4-42）进行计算。

$$\omega = \frac{m_0 \times 10.0 \times f}{m_1 \times \left(1 - w_{\text{H}_2\text{O}}\right) \times V_S} \qquad (4\text{-}42)$$

式中：ω——样品中目标物的含量，μg/kg；

　　　m_0——根据校准曲线计算出目标化合物的质量，ng；

　　10.0——提取液体积，ml；

　　　f——提取液的稀释倍数；

　　　m_1——样品量（湿重），g；

　　$w_{\text{H}_2\text{O}}$——样品的含水率，%；

　　　V_S——用于顶空测定的甲醇提取液体积，ml。

4.6.8.4　结果表示

当测定结果小于 100 μg/kg 时，保留小数点后 1 位；当测定结果大于等于 100 μg/kg 时，保留 3 位有效数字。

4.6.9　精密度和准确度

4.6.9.1　精密度

6 家实验室分别对浓度水平 25.0 μg/kg、100 μg/kg、500 μg/kg 的土壤统一样品进行了精密度测定：实验室内相对标准偏差范围分别为 3.3%～17.8%、0.9%～11.2% 和 1.8%～13.0%；实验室间相对标准偏差范围分别为 2.4%～10.1%、2.1%～7.8% 和 1.3%～4.8%；重复性限范围分别为 1.9～3.3 μg/kg、5.9～11.9 μg/kg 和 30.2～60.9 μg/kg；再现性限范围分别为 2.0～3.9 μg/kg、7.7～15.0 μg/kg 和 30.2～64.4 μg/kg。

6 家实验室分别对浓度水平 25.0 μg/kg、100 μg/kg、500 μg/kg 的沉积物统一样品进行了精密度测定：实验室内相对标准偏差范围分别为 1.7%～9.2%、0.9%～7.3% 和 1.2%～5.2%；实验室间相对标准偏差范围分别为 1.7%～6.5%、2.0%～4.4% 和 1.3%～2.6%；重复性限范围分别为 1.8～4.4 μg/kg、5.6～10.3 μg/kg 和 23.8～48.5 μg/kg；再现性限范围分别为 2.7～4.7 μg/kg、7.1～14.9 μg/kg 和 27.9～53.1 μg/kg。

4.6.9.2　准确度

6 家实验室分别对加标浓度 25.0 μg/kg、100 μg/kg、500 μg/kg 的土壤基体加标样品进行了测定，对应 12 种目标物的加标回收率范围分别为 35.3%～68.7%、49.3%～90.6% 和 37.8%～73.7%。

6 家实验室分别对加标浓度 25.0 μg/kg、100 μg/kg、500 μg/kg 的沉积物基体加标样品进行了测定。对应 12 种目标物的加标回收率范围分别为 77.9%～102%、83.8%～106% 和 78.6%～96.5%。

精密度和准确度汇总数据详见表 4-22 和表 4-23。

4.6.10　质量保证和质量控制

4.6.10.1　校准曲线

根据目标物的浓度和响应值绘制校准曲线，其相关系数应大于等于 0.999，若不能满足要求，需更换色谱柱或采取其他措施，然后重新绘制校准曲线。

4.6.10.2　校准确认

每批样品分析前或 24 h 之内，利用标准曲线中间浓度点进行校准确认，目标化合物的测定值与标准值间的相对偏差应小于等于 20%，否则，应重新绘制校准曲线。

表 4-22 方法精密度

化合物名称	加标浓度 /（μg/kg）		测定含量 /（μg/kg）		实验室内相对标准偏差 /%		实验室间相对标准偏差 /%		重复性限 r /（μg/kg）		再现性限 R /（μg/kg）	
	土壤	沉积物	土壤	沉积物	土壤	沉积物	土壤	沉积物	土壤	沉积物	土壤	沉积物
苯	25.0	25.0	17.2	25.6	3.6~4.0	2.0~3.0	3.6	3.1	1.9	1.9	2.4	2.8
	100	100	90.6	105	0.9~3.3	1.7~4.0	2.1	3.0	5.9	6.8	7.7	10.8
	500	500	369	483	1.8~3.8	1.2~2.0	1.3	1.4	30.2	23.8	30.5	29.2
甲苯	25.0	25.0	14.7	23.9	3.9~5.7	2.1~2.9	3.3	3.5	2.0	1.8	2.3	2.8
	100	100	84.9	105	1.6~3.9	1.2~3.7	2.7	2.8	7.8	6.7	9.6	10.3
	500	500	327	474	2.3~5.3	1.8~2.9	2.0	1.7	39.6	30.3	40.6	35.6
乙苯	25.0	25.0	14.6	25.0	3.8~5.7	1.7~5.4	2.4	3.2	1.9	2.8	2.0	3.4
	100	100	82.8	106	1.9~5.0	1.3~4.4	2.7	4.2	9.0	8.4	10.4	14.5
	500	500	310	467	2.5~4.5	1.9~4.2	1.7	2.1	31.2	42.4	32.2	47.1
对二甲苯	25.0	25.0	14.1	24.9	4.4~6.8	2.1~4.8	3.4	4.6	2.1	2.7	2.4	4.0
	100	100	79.5	104	1.5~5.6	1.1~4.2	3.4	4.3	10.2	8.2	12.0	14.6
	500	500	304	460	2.4~5.0	2.1~4.3	1.9	2.0	32.6	44.2	34.0	47.6

化合物名称	加标浓度/(μg/kg)		测定含量/(μg/kg)		实验室内相对标准偏差/%		实验室间相对标准偏差/%		重复性限 r/(μg/kg)		再现性限 R/(μg/kg)	
	土壤	沉积物	土壤	沉积物	土壤	沉积物	土壤	沉积物	土壤	沉积物	土壤	沉积物
间二甲苯	25.0	25.0	14.2	24.6	5.4~9.9	2.6~4.9	4.0	2.0	3.2	2.7	3.3	2.8
	100	100	80.7	104	2.5~5.9	0.9~4.1	2.9	3.2	9.6	7.5	11.0	11.5
	500	500	302	457	2.5~4.7	2.1~3.6	1.5	2.1	30.2	36.5	30.2	43.0
异丙苯	25.0	25.0	14.7	24.6	4.1~9.3	3.3~8.2	3.0	3.7	2.6	4.4	2.7	4.7
	100	100	82.7	104	2.5~5.4	1.2~4.3	2.4	4.0	9.6	10.3	10.4	14.9
	500	500	312	448	2.4~7.2	2.2~4.6	2.0	2.6	40.1	45.5	40.5	53.1
邻二甲苯	25.0	25.0	13.8	24.6	3.3~8.4	3.1~4.5	4.6	1.7	2.3	2.7	2.7	2.7
	100	100	77.5	104	2.0~4.8	1.2~4.3	2.9	3.3	8.5	7.4	10.0	11.8
	500	500	299	459	2.6~6.5	2.0~3.2	1.9	1.7	38.4	33.0	38.5	37.3
氯苯	25.0	25.0	10.9	23.2	3.9~10.6	3.5~6.0	6.4	2.8	2.4	3.2	3.0	3.4
	100	100	67.5	98.2	3.0~7.5	1.9~2.6	4.7	3.1	10.2	5.9	12.9	10.2
	500	500	262	451	3.7~8.4	1.5~2.5	2.8	1.3	46.4	25.0	47.0	27.9

续表

化合物名称	加标浓度 / (μg/kg)		测定含量 / (μg/kg)		实验室内相对标准偏差 /%		实验室间相对标准偏差 /%		重复性限 r/ (μg/kg)		再现性限 R/ (μg/kg)	
	土壤	沉积物	土壤	沉积物	土壤	沉积物	土壤	沉积物	土壤	沉积物	土壤	沉积物
苯乙烯	25.0	25.0	11.1	20.0	7.0~9.3	2.3~9.2	7.1	4.3	2.4	3.2	3.1	3.8
	100	100	60.1	83.8	4.3~9.3	1.4~7.3	6.3	2.5	11.6	8.6	15.0	9.8
	500	500	241	402	5.8~12.4	3.4~4.7	4.8	1.9	60.9	48.5	64.4	49.3
1,3-二氯苯	25.0	25.0	8.83	21.1	9.9~16.9	4.5~8.0	6.1	4.4	3.2	4.0	3.3	4.4
	100	100	53.0	88.9	5.3~9.8	1.2~4.3	6.4	2.8	11.9	5.8	14.4	8.8
	500	500	203	397	4.9~11.8	3.0~4.1	4.1	2.3	49.3	39.2	50.6	44.2
1,4-二氯苯	25.0	25.0	8.97	19.5	9.6~16	4.5~6.5	9.6	3.6	3.3	2.9	3.9	3.3
	100	100	49.4	87.9	2.6~11.2	1.1~5.0	7.8	4.4	11.2	7.5	14.8	12.8
	500	500	192	393	6.7~13.0	3.1~5.2	4.3	2.2	52.0	41.0	52.9	44.7
1,2-二氯苯	25.0	25.0	8.94	21.7	6.2~17.8	4.0~4.7	10.1	6.5	3.0	2.5	3.7	4.6
	100	100	49.3	87.0	5.6~9.7	1.0~3.3	7.4	2.0	10.4	5.6	13.9	7.1
	500	500	189	400	4.8~11.6	2.4~3.3	4.6	1.3	47.2	31.5	49.5	32.2

表 4-23 方法准确度

化合物名称	加标浓度 /（μg/kg）		测定含量 /（μg/kg）		加标回收率（$\overline{P} \pm 2S_{\overline{P}}$）/%	
	土壤	沉积物	土壤	沉积物	土壤	沉积物
苯	25.0	25.0	17.2	25.6	68.7 ± 5.0	102 ± 6.4
	100	100	90.6	105	90.6 ± 3.8	105 ± 6.4
	500	500	369	483	73.7 ± 1.8	96.5 ± 2.8
甲苯	25.0	25.0	14.7	23.9	58.8 ± 4.0	95.7 ± 6.6
	100	100	84.9	105	84.9 ± 4.6	105 ± 6.0
	500	500	327	474	65.3 ± 2.6	94.9 ± 3.2
乙苯	25.0	25.0	14.6	25.0	58.5 ± 2.8	100 ± 6.4
	100	100	82.8	106	82.8 ± 4.6	106 ± 8.8
	500	500	310	467	62.0 ± 2.2	93.4 ± 3.8
对二甲苯	25.0	25.0	14.1	24.9	56.5 ± 2.8	100 ± 9.2
	100	100	79.5	104	79.5 ± 5.4	104 ± 9.2
	500	500	304	460	60.8 ± 2.4	92.1 ± 3.6
间二甲苯	25.0	25.0	14.2	24.6	56.7 ± 4.6	98.4 ± 3.6
	100	100	80.7	104	80.7 ± 4.6	104 ± 6.6
	500	500	302	457	60.4 ± 1.8	94.4 ± 3.8
异丙苯	25.0	25.0	14.7	24.6	58.9 ± 3.6	98.2 ± 7.4
	100	100	82.7	104	82.7 ± 4.0	104 ± 8.4
	500	500	312	448	62.3 ± 2.4	89.5 ± 4.8
邻二甲苯	25.0	25.0	13.8	24.6	55.3 ± 5.2	98.5 ± 3.4
	100	100	77.5	104	77.5 ± 4.4	104 ± 7.0
	500	500	299	459	59.8 ± 2.2	91.7 ± 3.2
氯苯	25.0	25.0	10.9	23.2	43.5 ± 5.6	92.6 ± 5.2
	100	100	67.5	98.2	67.5 ± 6.4	98.2 ± 6.2
	500	500	262	451	52.4 ± 3.0	90.2 ± 2.2

化合物名称	加标浓度 / （μg/kg）		测定含量 / （μg/kg）		加标回收率 （$\overline{P} \pm 2S_{\overline{P}}$）/%	
	土壤	沉积物	土壤	沉积物	土壤	沉积物
苯乙烯	25.0	25.0	11.1	20.0	44.3 ± 6.2	80.0 ± 7.0
	100	100	60.1	83.8	60.1 ± 7.6	83.8 ± 4.2
	500	500	241	402	48.2 ± 4.6	80.4 ± 3.2
1,3- 二氯苯	25.0	25.0	8.83	21.1	35.3 ± 4.4	84.5 ± 7.4
	100	100	53.0	88.9	53.0 ± 6.8	88.9 ± 5.0
	500	500	203	397	40.5 ± 3.2	79.5 ± 3.8
1,4- 二氯苯	25.0	25.0	8.97	19.5	35.9 ± 6.8	77.9 ± 5.4
	100	100	49.4	87.9	49.4 ± 7.2	87.9 ± 7.6
	500	500	192	393	38.4 ± 3.4	78.6 ± 3.6
1,2- 二氯苯	25.0	25.0	8.94	21.7	35.8 ± 7.4	87.0 ± 11.4
	100	100	49.3	87.0	49.3 ± 7.2	87.0 ± 3.6
	500	500	189	400	37.8 ± 3.4	80.0 ± 2.0

4.6.10.3 样品

①实验室空白试验分析结果中所有待测目标化合物浓度均应低于方法检出限。否则，应查明原因，及时消除，至实验室空白测定结果合格后，才能继续进行样品分析。

②每批样品至少应采集一个运输空白样品。其分析结果应满足空白试验的控制指标，否则需查找原因，排除干扰后重新采集样品分析。

③每批样品（最多 20 个）应测定一个空白加标样

品、基体加标样品和基体加标平行样品，实验室空白加标回收率应为 80.0%~120%，基体加标样品分析结果的加标回收率应为 35.0%~110%，基体加标平行样品分析结果的相对偏差应该在 20% 以内。

4.6.11　注意事项

实验产生的含挥发性芳香烃的危险废物应集中保管（图 4-142），委托有资质的相关单位进行处理。

图 4-142　危险废物暂存

4.6.12　注意事项

①为了防止通过采样工具污染，采样工具在使用前要用甲醇、纯净水充分洗净。在采集其他样品时，

要注意更换采样工具和清洗采样工具，以防止交叉污染。

②样品的保存和运输过程中，要避免沾污，样品应放在密闭、避光的便携式冷藏箱（4.6.5.8）中冷藏贮存。

③在分析过程中必要的器具、材料、药品等应事先分析确认其是否含有对分析测定有干扰目标物测定的物质。器具、材料可采用甲醇清洗，尽可能在空白中除去干扰物质。

第五章 土壤中挥发性有机物的评价技术

5.1　数据的有效性

应采取措施保证监测数据的准确性和完整性，确保全面、客观地反映监测结果。有效数据均应参加统计和评价，不得选择性地舍弃不利数据以及人为干预监测和评价结果。

离群值的判断和处理应符合《数据的统计处理和解释　正态样本离群值的判断和处理》（GB 4883—2008），对于监测过程中缺失和删除的数据均应说明原因，并保留详细的原始数据记录，以备数据审核。

若样品浓度低于分析方法检出限时，则该监测数据以 1/2 最低检出限的数值参加平均值统计计算。若指标为总量指标，各分量均未检出，则该总量为未检出，总量的（检测值）按各分量检出限的 1/2 之和进行平均值的统计。若总量中某个或多个分量指标有检出，则总量视为检出，总量的（检测值）为各检出分量检测值之和。

5.2　数据统计结果的表征

调查区域内所有点位按不同监测项目统计监测结果如表 5-1 所示。

表 5-1 调查区域内土壤点位不同监测项目监测结果统计

监测项目	测点数	未检出数	顺序统计量								算术		几何		变异系数	偏度系数	峰态系数
			最小值	5%值	10%值	25%值	中位值	75%值	90%值	95%值	最大值	平均值	标准差	平均值	标准差			
甲苯																		
……																		

5.3　土壤环境评价方法

5.3.1　土壤环境质量评价

参照 GB 36600 中表 1-1 的筛选值 S_i、管制值 G_i，评价土壤环境风险（表 5-2）。未在 GB 36600 标准中明确筛选值的指标，参考地方标准或依据 HJ 25.3 等标准及相关技术要求开展风险评估，推导其土壤污染筛选值，然后参照单因子评价的方法进行计算。

表 5-2　土壤单项污染物超标程度分级

指标含量	分类	风险
$C_i \leqslant S_i$	土壤指标不超筛选值	无风险或风险可忽略
$S_i < C_i \leqslant G_i$	土壤指标超筛选值但不超管制值	需进行风险评估确定是否存在风险和风险大小
$C_i > G_i$	土壤指标超管制值	风险较大不可接受，需管控或修复

279

5.3.2　土壤污染物趋势变化评价

采用单因子指数法进行评价，计算公式为

$$Q_i = \frac{C_i}{P_i} \qquad (5\text{-}1)$$

式中：Q_i——土壤中污染物 i 的单因子变化指数；

　　　C_i——土壤中污染物 i 的监测值；

　　　P_i——同点位上一期监测值。

根据 Q_i 值的大小，进行土壤调查点位单项污染物变化趋势分析（表 5-3）。可通过统计一个区域内各种变化趋势的点位比例分析区域土壤污染物变化趋势。

表 5-3　土壤单项污染物变化趋势分类

变化趋势分类	Q_i 值
有污染减轻趋势	$Q_i \leqslant 0.8$
基本无变化	$0.8 < Q_i \leqslant 1.2$
有污染加重趋势	$Q_i > 1.2$

5.3.3　土壤生态健康风险评价

生态风险评价主要是通过对有毒有害物质对人体产生的健康危害影响的发生概率的估算，对暴露于有毒有害物质的个体健康风险进行评估健康风险评价方法。相对传统的污染评价方法，风险评价将暴露途径和受体纳入考虑范围，更符合目前对污染风险管理的理念。土壤生态风险评价过程包括对致癌效应和非致癌效应的核算，最终根据风险值判断对生态和人类健康的风险。该方法的计算较为复杂，在《建设用地土壤污染风险评估技术导则》（HJ 25.3—2019）的附录 A 中有详细的表述。由于参数众多且计算繁琐，一般采用软件来计算生态健康风险，目前较为常用的软件包括美国 RBCA 软件和我国中科院南京土壤所的 HERA 软件等。

第六章 土壤中挥发性有机物的监测技术发展方向——土壤气监测

DI-LIU ZHANG
TURANG ZHONG HUIFAXING YOUJIWU DE JIANCE JISHU
FAZHAN FANGXIANG——TURANGQI JIANCE

6.1 土壤气简介

土壤气是土壤结构组成空间的空隙中所存在的气体。在一般土壤中，土壤气主要包含氮气、氧气和二氧化碳等。在部分地下环境中，一些污染气体会扩散进入土壤气，例如垃圾掩埋场、采矿和石油所产生的挥发性有机物。涉及有毒有害物质的土壤气体会扩散进入建筑物中，从而对人体健康产生影响。

VOCs 会直接吸附在土壤颗粒上，或溶解于土壤水中，或以自由相形式存在，或通过相分配作用，赋存于土壤孔隙气体即土壤气中。土壤中 VOCs 的测定包含了以自由相形式存在、吸附于土壤颗粒、溶解于土壤水和赋存于土壤气中 VOCs 的量。土壤气中 VOCs 的测定仅测定土壤气中 VOCs 的量。近年来，国外在进行污染土壤的人体健康风险评估中更倾向于基于土壤气中 VOCs 实测浓度进行评定，其主要原因包括：首先，基于土壤中 VOCs 浓度的评估会因为土壤取样时的挤压、筛选土壤样品等操作影响土壤样本中 VOCs 的检测值，从而导致评估结果与实际风险的偏差；其次，基于地下水中 VOCs 浓度的评估需要耗费许多时间与成本去判断地下水的水位和地下水污染程度，影响了场地信息调查的可行性和项目进程；最后，通过相平衡理论以及气体迁移扩散理论由土壤或者地下水中VOCs的浓度来计算土壤气中VOCs的浓度存在较大的不确定性。若直接采集土壤包气带中的土壤气进行VOCs的分析，则可直接提取其中与健康危害有关的污染物有效信息，并用于确定污染物的存在、组成、来源和分布状况，而且土壤气检测提供了相对快速和低成本的场地污染信息，可指导下一步的采样方案，研究如何挑选更为实惠及准确的调查和适合的修复技术。

6.2 土壤气监测技术方法

6.2.1 监测方法

土壤气样品的采集方式分为主动采样和被动式采样。主动采样法需要使用泵驱动待测气体样品通过采样器进入采样罐、气袋或者通过吸附剂捕集样品中的VOCs。被动采样也称扩散采样，该方法不需要外力驱动，待测物仅靠自由扩散进入采样器并被其中装填的吸附剂捕集。常规的土壤气采样主要依赖主动采样法。

（1）主动采样

主动式土壤气采样需要建设土壤气监测井，常见的监测井包括3类：钻孔埋管式监测井（图6-1）、钻杆直插式监测井和由地下水井改装成的土壤气井。钻孔埋管井是使用最广泛的土壤气采样井，其可靠性和采样精密度较高，可采集较深的土壤气样品。然而，钻孔埋管式监测井的建井流程较复杂，时间和经济成本也较高。钻杆直插井的建井速度较快，经济成本较低，但其采样深度较浅（通常不超过 4 m），而且通常无法长期使用。地下水井改装的土壤气井由于筛管位置和长度的问题，用于土壤气采样时，采样精度和代表性较差，一般不推荐使用。为了确保采集土壤中的气体不受地表空气的影响，要把握的关键点是如何隔绝它与上部气体的交换。

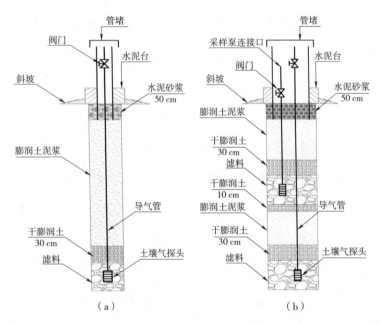

图 6-1　钻孔埋管式监测井结构示意图

土壤气主动采样中，常见的样品保存器具有 3 种：吸附管、采样罐和气袋（图 6-2）。气袋常用于现场快速筛查，而送检样品一般用吸附管或采样罐收集。

（a）采样罐 （b）吸附管 （c）气袋

图6-2 土壤气保存容器示意图

主动土壤气采集可以在一天之内完成，通常用于以挥发性有机物为主要目标污染物的场地调查。采集的土壤气样品可以送往实验室进行检测，也可以在现场采用 PID、FID 或场地便携式气相色谱仪进行现场检测。主动式采样方式能够获取土壤气中目标污染物的定量浓度，因此不仅能够用于探明污染源的具体位置和污染程度，而且能够用于定量计算健康风险或危害商。主动抽取法现场监测仪器见图 6-3，主动抽取法现场工作场景见图 6-4。

这种方法的局限性是不能用于确定半挥发性有机物或低挥发性污染物的成分，在低渗透性和饱和土壤中作业比较困难。

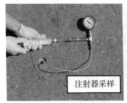
注射器采样

采样罐采样

气袋采样

图6-3　主动抽取法现场监测仪器

图6-4　主动抽取法现场工作场景

287

（2）被动法

被动法不需要任何抽气装置，是将装有吸附材料的捕集器放采样点上放置几天、几周或更长的时间，让气态污染物可以随着土壤气体流动被吸附到吸附材料中，然后将取样器从地下取出后回实验室进行脱气分析所吸附到的挥发性污染物。

相对于主动采样法，被动式采样法有以下优点：①成本低，比主动采样成本低30%～50%；②操作简便，受调查人员操作水平的影响小；③采样器小巧轻便，便于携带和运输，特别适合偏远场地的采样；④采样时不需要外力驱动，没有泄漏或堵塞的问题；⑤采样时对周边环境的干扰较少；⑥采样时间比主动采样方法长，可达几周甚至几个月，可有效降低时间波动的影响；⑦对于低渗透性或高含水率地层，无法使用主动采样，只能选择被动采样。

然而，土壤气中 VOCs 浓度与被采样器捕集的 VOCs 总量之间的定量关系尚不明确，被动式土壤气采样仅能定性污染物，常用于污染调查，探明污染源的分布情况。

6.2.2　干扰土壤气监测的因素

土壤气的监测结果受到很多环境因素的影响，比如大气压力、降水、温度（环境空气和土壤气体）、风速/风向、地下水水位埋深和采样位置离地面距离等，具体介绍如下。

（1）大气压力

大气压力降低可提高气体排放速度，大气压力增加则具有相反效应，其效应的变化幅度取决于土壤渗透性和压力变化率。

（2）降水与土壤湿度

干旱期土壤开裂，特别是由黏性土覆盖的场地，会提高表面的气体排放。潮湿天气会使黏性土变湿并膨胀，裂隙封闭会降低表层土壤的通气性，导致土壤中气体浓度增加，并促进气体横向运移。另外，土壤湿度还可影响收集基质对有机物质的吸附。此外，土壤水饱和会限制气体移动性，如果钻孔底部的土壤孔隙水分饱和，则不能对底部土壤进行采样。

（3）温度

低温环境会对土壤气采样造成诸多困难。土壤温度下降会影响有机化合物挥发并降低污染物的蒸气压和扩散率，因而会导致较低的观测浓度。土壤冰冻会在极大程度上限制土壤气和蒸气的移动性，阻碍其向大气排放，并导致其在最冷区域富集。

（4）风速／风向

因为土壤是一个开放系统，与大气不断进行气体交换。气压、温度、降水或灌溉和风力等都会造成土壤与大气间的压力差，从而引起土壤气与大气产生对流交换。对流现象在孔隙度大的表层土壤中尤为明显。另外，表层土壤还能通过扩散机理与大气进行换气作用，所以位于表层土壤中的土壤气受到大气的干扰较为明显。

（5）地下水水位埋深

降水等引起的地下水位升高，对气体施加压力并将其压到地表，同时也会堵塞运移通道。表层土壤饱和能够限制气体向大气的排放，也会改变气体压力和浓度。

此外，降水或地下水位上升产生的渗滤水可以淋洗孔隙空间，并因此去除一些 VOCs。

（6）采样位置离地面距离

对于土壤气的常规监测，最小采样深度宜不小于 1 m。当采集土壤中靠近表面的气体时，需考虑环境空气渗入的影响。

6.3 土壤气监测存在的问题

土壤气应用于土壤挥发性有机物评价仍存在以下问题。

①缺乏土壤气采样技术规范。土壤气采样过程对于监测数据的影响较大，采样过程不规范会降低监测数据的精确性。目前我国缺乏土壤气采样的相关技术规范，不利于该技术的推广。

②缺乏专门针对污染地块土壤气 VOCs 的分析检测标准方法。目前，土壤气监测主要借鉴《环境空气　挥发性有机物的测定　吸附管采样–热脱附／气

相色谱－质谱法》（HJ 644—2013）和《环境空气　挥发性有机物的测定　罐采样/气相色谱－质谱法》（HJ 759—2015）等环境空气检测方法，并没有专门针对污染地块气体 VOCs 的标准监测方法。土壤中的常见 VOCs 与环境空气监测的 VOCs 种类差异较大，因此很多常见 VOCs 的检测方法并未被环境空气检测方法所涵盖，亟须补充此类化合物的分析方法。

③缺乏土壤气环境质量标准或风险筛选值。一方面，国家缺乏基于土壤气的土壤污染评价标准。国家未出台土壤气中 VOCs 的评价标准，北京市地方标准《污染场地挥发性有机物调查与风险评估技术导则》（DB11/T 1278—2015）作为国内唯一能参考的土壤气 VOCs 质量标准也仅包括 15 种 VOCs 的筛选值，无法涵盖污染土壤中常见的 VOCs。另一方面，土壤气和土壤中 VOCs 的关系不明确，土壤气中 VOCs 浓度不能准确地对应土壤中 VOCs 的浓度，不能与目前国内相关的标准值直接比较。

6.4　土壤气监测发展展望

土壤气监测起步较晚，目前仍无法用于土壤中 VOCs 评价，但土壤气在 VOCs 污染土壤监测中的优势不可忽视。

①土壤气在监测土壤中VOCs的敏感性更高。VOCs在地层中的分布空间异质性较大，有限的土壤监测点位有时无法捕捉到VOCs的污染。土壤气是一种流体，VOCs存在扩散迁移特性，气态VOCs在土壤气中通过扩散、对流等物理机制不断迁移，通过土壤气监测捕捉到这类污染源的概率更高，有助于尽早发现土壤污染，符合污染预防为主的管理理念。

②更准确地反映VOCs的气态扩散迁移过程和呼吸暴露风险。呼吸暴露是地块VOCs最重要的人体暴露途径。呼吸暴露定量风险评估中最终决定暴露风险的是气态VOCs的暴露量。土壤气中VOCs监测得到的数据，可更准确反映地层中气态VOCs的分布、气相迁移过程及呼吸暴露风险，与我国土壤环境风险管理的理念相契合。

随着该项技术的不断发展和我国相关技术标准的不断完善，土壤气监测可能在未来的企业自行监测和企业周边监测及土壤VOCs污染监测中发挥至关重要的作用。